Examens-Fragen Biomathematik

Herausgegeben von

A. Heinecke E. Hultsch R. Repges F. Wingert

1975

Springer-Verlag Berlin · Heidelberg · New York
J. F. Lehmanns Verlag München

Dr. rer. nat. Achim Heinecke
Institut für Medizinische Informatik und Biomathematik
4400 Münster, Hüfferstr. 75

Dipl.-Math. Ekhard Hultsch
Institut für Medizinische Informatik und Biomathematik
4400 Münster, Hüfferstr. 75

Prof. Dr. med. et Dipl.-Math. Rudolf Repges
Abteilung Medizinische Statistik und Dokumentation der
Medizinischen Fakultät der Rheinisch-Westfälischen
Technischen Hochschule Aachen
5100 Aachen, Theaterstr. 13

Prof. Dr. med. et Dipl.-Math. Friedrich Wingert
Institut für Medizinische Informatik und Biomathematik
4400 Münster, Hüfferstr. 75

ISBN-13:978-3-540-07198-3 e-ISBN-13:978-3-642-66085-6
DOI: 10.1007/978-3-642-66085-6

Das Werk ist urheberrechtlich geschützt. Die dadurch begründeten Rechte, insbesondere die der Übersetzung, des Nachdruckes, der Funksendung, der Wiedergabe auf photomechanischem oder ähnlichem Wege und der Speicherung in Datenverarbeitungsanlagen bleiben, auch bei nur auszugsweiser Verwertung, vorbehalten. Bei Vervielfältigungen für gewerbliche Zwecke ist gemäß § 54 UrhG eine Vergütung an den Verlag zu zahlen, deren Höhe mit dem Verlag zu vereinbaren ist.
© by Springer-Verlag Berlin Heidelberg 1975.

Library of Congress Cataloging in Publication Data. Main entry under title:
Examens-Fragen, Biomathematik. Bibliography: p. Includes index.
1. Biomathematics--Examinations, questions, etc. I. Heinecke, Achim, 1942- ed.
QH323.5.E95 1975 574'.01'8 74-34367

Die Wiedergabe von Gebrauchsnamen, Handelsnamen, Warenbezeichnungen usw. in diesem Werk berechtigt auch ohne besondere Kennzeichnung nicht zu der Annahme, daß solche Namen im Sinne der Warenzeichen- und Markenschutz-Gesetzgebung als frei zu betrachten wären und daher von jedermann benutzt werden dürfen.

Vorwort

Nach der Approbationsordnung für Ärzte vom 3.11.1970 ist im 1. Abschnitt der Ärztlichen Prüfung eine Prüfung in Biomathematik vorgeschrieben. Die Autoren des Gegenstandskatalogs vom Dezember 1973 haben sich bemüht, durch die Formulierung geeigneter Lernziele dieses Fach auf den Stoff zu reduzieren, den Studierende der Medizin unbedingt kennen sollten. Über die Liste der Lernziele kann man sicher verschiedener Meinung sein. So wird es wohl kaum einen Biomathematiker geben, der nicht besonders wichtige Bereiche seines Faches vermißt, und andere, weniger wichtige Bereiche dafür gerne gestrichen sehen möchte.

In der Mathematik ist die Gefahr besonders groß, mit Multiple-Choice-Fragen nur reines Faktenwissen, statt des Verständnisses der Probleme und der Methoden zu erlernen bzw. zu prüfen. So ist zum Verständnis der meisten Lernziele die Kenntnis vieler nicht als Lernziele besonders formulierter Voraussetzungen notwendig, wenn dem Studierenden der Sinn eines Lernziels wirklich klarwerden soll.

Wohl alle Lehrer in Biomathematik haben während der erstmals durchgeführten Übungen festgestellt, wie schwierig es ist, immer neue, geeignete Multiple-Choice-Fragen zu finden. Wir sind daher den Kollegen, die ihre Multiple-Choice-Fragen für diese Sammlung zur Verfügung gestellt haben, sehr zu Dank verpflichtet. Die Fragen sind einschließlich der in Aachen übersetzten Fragen aus Amsterdam in Münster redaktionell überarbeitet und ergänzt worden. So sind alle Fragen auf fünf Antworten erweitert worden, von denen genau eine Antwort richtig ist, um den Anforderungen an Prüfungsfragen zu genügen. Die Fragen wurden nach den Lernzielen geordnet und nach Fragetypen charakterisiert.

Von besonderer Bedeutung ist eine einheitliche Terminologie und Symbolik, um den Studierenden der Medizin die Einarbeitung in dieses aus vielen Gründen als der Medizin fremd angesehene Fach zu erleichtern. Die Autoren haben daher versucht, konsequent die Terminologie und Symbolik des Begleittextes zum Gegenstandskatalog[+] zu verwenden.

Die hier vorliegende Fragensammlung soll den Studierenden der Medizin eine Hilfe bei der Vorbereitung zur Prüfung und den Lehrern in Biomathematik eine Unterstützung bei der Auswahl geeigneter Fragen für den Unterricht sein. Sie soll aber auch die Diskussion um geeignete Fragen anregen und - sofern ein Bedarf für Ergänzungen und Verbesserungen besteht - hierfür die Grundlage sein.

Für die erste Durchsicht und Korrektur der Fragen haben wir Frau R. Nienhaus sehr zu danken. Frau I. Ziegenhagen hat in vorbildlicher Weise die Reinschrift des Manuskriptes geschrieben.

Institut für Medizinische Informatik und Biomathematik der Universität Münster	Abt. Medizinische Statistik und Dokumentation der TH Aachen
A. HEINECKE E. HULTSCH F. WINGERT	R. REPGES

Münster und Aachen, November 1974

[+] Heidelberger Taschenbücher, Band 164. Biomathematik für Mediziner. Begleittext zum Gegenstandskatalog. Berlin, Heidelberg, New York: Springer 1974.

Inhaltsverzeichnis

Vorwort III

Aufbau des Fragenkopfes VII

Kapitel 1. Elementarmathematische Grundlagen und beschreibende Statistik (Lernziele 1 - 17) 1

Kapitel 2. Wahrscheinlichkeitsrechnung (Lernziele 18 - 45) 44

Kapitel 3. Grundgesamtheit und Stichproben, Versuchsplanung (Lernziele 46 - 80) 86

Kapitel 4. Dokumentation und Datenverarbeitung (Lernziele 81 - 92) 120

Schlüssel 135

Aufbau des Fragenkopfes

```
Quelle - Kapitel - Lernziel - lfd. Nr. (Bedeutung) Fragetyp X
```

Quelle: ACH : Abteilung Medizinische Statistik und Dokumentation, TH Aachen,
AMST : Afdeling Medische Statistiek, Vrije Universiteit Amsterdam,
FR : Institut für Medizinische Statistik und Dokumentation, Universität Freiburg,
MS : Institut für Medizinische Informatik und Biomathematik, Universität Münster,
MZ : Institut für Medizinische Statistik und Dokumentation, Universität Mainz.

Kapitel: (Bezeichnung nach dem Gegenstandskatalog vom Dezember 1973)
1 Elementarmathematische Grundlagen und beschreibende Statistik,
2 Wahrscheinlichkeitsrechnung,
3 Grundgesamtheit und Stichproben, Versuchsplanung,
4 Dokumentation und Datenverarbeitung.

Lernziel: Lernziel-Nummer(n) nach dem Gegenstandskatalog vom Dezember 1973. Wenn eine eindeutige Zuordnung zu einem Lernziel nicht möglich war, wurde die Frage bei dem Lernziel mit der höchsten Nummer eingeordnet.

lfd. Nr.: Laufende Nummer einer Frage innerhalb des gleichen Lernziels bzw. innerhalb der gleichen Lernzielgruppe.

Bedeutung: (nach dem Gegenstandskatalog vom Dezember 1973)
+ "ist erwünscht, aber nicht unerläßlich",
++ "darf nicht ausgelassen werden",
+++ "muß ausführlich dargestellt werden".

Fragetyp: (nach: Multiple-Choice-Prüfungen, Hinweise für Studenten vom Oktober 1973 des Instituts für Medizinische Prüfungsfragen)

A: Einfachauswahl

Auf eine Frage oder auf eine unvollständige Aussage folgen 5 Antworten oder Ergänzungen, von denen genau eine auszuwählen ist. Anzukreuzen ist bei

A_1: die einzige richtige Antwort, bei

A_2: die beste Antwort von mehreren möglichen Antworten und bei

A_3: die einzige falsche Antwort.

Die Fragetypen A_2 und A_3 sind auch durch die besondere Formulierung der Frage gekennzeichnet.

C Kausale Verknüpfung

Zwei Aussagen ("Feststellungen") sind durch "denn" verknüpft. Jede Aussage kann richtig oder falsch sein. Bei zwei richtigen Aussagen kann zusätzlich die Verknüpfung richtig oder falsch sein.

D Antworten mit Aussagekombinationen

Auf eine Frage oder auf eine unvollständige Aussage folgt eine numerierte Liste mit Begriffen oder Sätzen, von denen einer oder mehrere zutreffen können. Die Antworten bestehen aus Kombinationen von Begriffen oder Sätzen aus dieser Liste.

Kapitel 1
Elementarmathematische Grundlagen und beschreibende Statistik

FR - 1 - 1 - 1 (+) Fragetyp A_1

Es sei A = $\{-2, -1\}$, B = $\{0, 1, 2\}$, C = $\{1, 2, 3\}$.
Dann ist $(A \cap B) \cup C$ gleich

A $\emptyset$
B $\{0, 1, 2\}$
C $\{0, 2, 3\}$
D $\{1, 2, 3\}$
E $\{-2, -1, 0, 1, 2, 3\}$

FR - 1 - 1 - 2 (+) Fragetyp A_1

Von 10 000 Studierenden seien 8 000 unverheiratet und 7 000 männlich. Welche der folgenden Angaben könnte nur richtig sein?

Die Anzahl der unverheirateten männlichen Studenten ist

A 7 500
B 6 300
C 4 500
D 3 500
E 2 500

FR - 1 - 1 - 3 (+)   Fragetyp A_1

Für eine beliebige Menge $A \subset S$ ist <u>stets</u>

A $\overline{\overline{A}} = \emptyset$
B $\overline{\overline{A}} = A$
C $\overline{\overline{\overline{A}}} = \overline{A}$
D $\overline{A} \cup A = \emptyset$
E $\overline{A} \cup \overline{A} = A$

FR - 1 - 1 - 4 (+)   Fragetyp A_1

Für $A \supset B$ ist <u>stets</u>

A $A \cap B = A$
B $A \cup B = A$
C $\overline{A} \cup B = \emptyset$
D $\overline{A} \cup B = S$
E $A \cap B = S$

MZ - 1 - 1 - 5 (+)   Fragetyp A_1

Es sei S eine nicht leere Menge. A und B seien echte, nicht leere Teilmengen von S.

Dann ist $\overline{A \cup B}$ gleich

A $\overline{A} \cap \overline{B}$
B $\emptyset$
C $\overline{A} \cup \overline{B}$
D S
E $\overline{A \cap B}$

Die Komplemente sind bezüglich S zu bilden

AMST - 1 - 1 - 6 (+)　　　　　　　　　　　　　　　　　　Fragetyp A_1

Es sei A = $\{1, 2, 3, 4\}$ und B = $\{2, 3\}$.
Dann ist C = $\{1, 4\}$

A   das Komplement von A bezüglich B
B   der Durchschnitt von A und B
C   die Vereinigung von A und B
D   eine Teilmenge von B
E   eine Teilmenge von A

MZ - 1 - 1 - 7 (+)　　　　　　　　　　　　　　　　　　Fragetyp A_1

Gegeben sei die Folge $(a_i)_{i \in N}$ mit $a_i = a_{i-2} + 3$ für $i \geq 3$ und $a_1 = 1$, $a_2 = 3$.
Dann ist

A   2
B   6
C   5
D   keine gerade Zahl
E   keine ungerade Zahl

ein Element der Folge

AMST - 1 - 1 - 8 (+) Fragetyp A_1

A sei die Menge der Herzkranken, B die Menge der Lungenkranken aus einer Gruppe von Patienten.

Dann ist $A \cup B$ die Menge aller Patienten dieser Gruppe, die an

A   mindestens einer

B   beiden

C   genau einer

D   höchstens einer

E   keiner

dieser Krankheiten leiden

MZ - 1 - 1 - 9 (+) Fragetyp A_1

Bei einer Hochzeitsgesellschaft, bei der Wein, Bier und Sekt gereicht werden, trinken von 50 anwesenden Gästen 25 Bier, 15 Wein, 20 Sekt, 10 Bier und Wein, 15 Bier und Sekt, 10 Wein und Sekt, 5 alle drei Getränke.

Keines der drei Getränke trinken genau

A   2 Personen

B   5 Personen

C   10 Personen

D   20 Personen

E   Jeder Gast trinkt von mindestens einem der drei Getränke

FR - 1 - 1 - 10 (+) Fragetyp A_1

In einer Gruppe von 200 Managern zwischen 45 und 60 Jahren hatten 60 einen Herzinfarkt und 50 sind geschieden. Von den 140 Managern, die keinen Herzinfarkt hatten, sind 30 geschieden.

Die Wahrscheinlichkeit, daß ein zufällig aus dieser Gruppe von 200 ausgewählter Manager einen Herzinfarkt oder eine Ehescheidung hatte, ist

A 0.35

B 0.45

C 0.475

D 0.55

E 0.1

FR - 1 - 2 - 1 (++)   Fragetyp A_1

Eine Frau behauptet, am Geschmack feststellen zu können, ob zuerst Tee oder Sahne in die Tassen gegossen wurde. Zur Prüfung sollen ihr 2 · n Tassen in zufälliger Reihenfolge gegeben werden, wobei der Frau nur bekannt ist, daß in genau n Tassen zuerst Tee gegossen worden ist. Die Fähigkeit gelte als bewiesen, wenn sie alle Tassen richtig bestimmt hat. Es wird angenommen, die Frau besitze die Fähigkeit nicht.

Wie groß muß n mindestens sein, damit die Wahrscheinlichkeit dafür, daß die Frau die Tassen durch Zufall richtig bestimmt, höchstens gleich 0.01 ist?

Es muß gelten:

A $n \geq 2$

B $n \geq 3$

C $n \geq 4$

D $n \geq 5$

E $n \geq 6$

FR - 1 - 2 - 2 (++) Fragetyp A_1

Die Anzahl der Möglichkeiten, aus 10 Personen einen Vorsitzenden, einen Stellvertreter und einen Kassenwart zu wählen, ist

A 1000

B 720

C 360

D 120

E 90

FR - 1 - 2 - 3 (++) Fragetyp A_1

Die Anzahl der Möglichkeiten, aus 10 Personen eine Kommission mit drei gleichberechtigten Kommissionsmitgliedern zu bilden, ist

A 1000

B 720

C 360

D 120

E 90

MS - 1 - 2 - 4 (++) Fragetyp A_1

Die Anzahl der Möglichkeiten, in einer Schulklasse 40 Kinder auf 40 (numerierte) Plätze zu setzen, ist

A $40!$

B 2^{40}

C 40^2

D 40

E $\binom{40}{40}$

MS - 1 - 2 - 5 (++) Fragetyp A_1

Aus 50 Ratten soll eine Gruppe von 10 Ratten ausgewählt werden.

Die Anzahl der möglichen Gruppen ist

A $\binom{50}{10} \simeq 1.03 \cdot 10^{10}$

B 10^{50},

C $2^{50} \simeq 1.13 \cdot 10^{15}$

D $\frac{50!}{10!} \simeq 8.38 \cdot 10^{57}$

E $50^{10} \simeq 9.77 \cdot 10^{16}$

MZ - 1 - 2 - 6 (++) Fragetyp A_1

12 Schüler sollen in 2 Mannschaften mit je 6 gleichberechtigten Schülern eingeteilt werden.

Die Anzahl der Möglichkeiten ist

A $2^{12} = 4096$

B $2^6 = 64$

C $\frac{12!}{6!} = 665280$

D $\frac{1}{2} \cdot \binom{12}{6} = 462$

E $\binom{12}{6} = 924$

MZ - 1 - 2 - 7 (++) Fragetyp A_1

6 Sprinter kämpfen um 3 Medaillen (Gold, Silber, Bronze).
Die Preisverteilung kann auf

A $6!$

B $3!$

C 120

D 6^3

E $\binom{6}{3}$

verschiedene Weisen erfolgen

MZ - 1 - 2 - 8 (++) Fragetyp A_1

Die Anzahl der verschiedenen (mehr oder weniger sinnvollen) Worte mit 8 Buchstaben, zu denen man die Buchstaben des Wortes " N I K O L A U S " umstellen kann, ist höchstens

A 8^2

B 2^8

C $8!$

D $\frac{8!}{2!}$

E $\binom{8}{2}$

MZ - 1 - 2 - 9 (++) Fragetyp A_1

Ein Rennstall besitzt 6 Pferde, darf aber nur 3 davon für ein Rennen melden.

Der Trainer hat genau

A 3!

B 6^3

C 3^6

D 2^3

E $\binom{6}{3}$

Auswahlmöglichkeiten

MZ - 1 - 2 - 10 (++)   Fragetyp A_1
___

Ein zerstreuter Professor hat 3 Briefe geschrieben und die zugehörigen Umschläge adressiert. In jeden Umschlag legt er einen Brief und zwar ganz zufällig.

Gesucht ist die Wahrscheinlichkeit, daß dabei wenigstens ein Brief in den richtigen Umschlag kommt.
<u>Anleitung:</u> Berechnen Sie die Anzahl n aller möglichen und die Anzahl m aller günstigen Fälle.

Die Wahrscheinlichkeit ist

A $1/2^3$

B 4/6

C 1/3

D 1/6

E 1 - 1/6

MZ - 1 - 2 - 11 (++) Fragetyp A_1

Aus einer Menge von 11 Elementen kann man ohne Zurücklegen

A $\binom{11}{6}$

B $6!$

C $\frac{11!}{6}$

D $\frac{11!}{5}$

E 11^6

verschiedene Mengen von 6 Elementen ziehen.

AMST - 1 - 2 - 12 (++) Fragetyp A_1

Die Anzahl der Möglichkeiten, ohne Zurücklegen und ohne Berücksichtigung der Reihenfolge 7 Elemente aus 12 Elementen zu ziehen, ist

A 12^7

B $\binom{12}{7}$

C $7!$

D $12!$

E 2^7

MZ - 1 - 3 - 1 (++) Fragetyp A_1

Gegeben sei $\log 2 = 0.3010$ und $\log 3 = 0.4771$.
Dann ist $\log \frac{1}{3^2}$ gleich

A 0.9542-1

B -0.9542

C -0.7781

D -0.2385

E $\dfrac{1}{0.9542}$

MZ - 1 - 3 - 2 (++) Fragetyp A_1

Es sei $f : R \to R$ gegeben durch (R = Menge der reellen Zahlen, Z = Menge der ganzen Zahlen)

$f(x) = \begin{Bmatrix} x^2 & \text{für } x \in Z \\ (-x)^2 & \text{für } x \in R - Z \end{Bmatrix}$.

Der Bildbereich von f ist

A R

B Z

C $\{x \mid x \in R,\ x \geq 0\}$

D $\{x \mid x \in R,\ x > 0\}$

E $R \cap \{x \mid -x \in Z\}$

MZ - 1 - 3 - 3 (++) Fragetyp A_1

Es sei $f(x) = x \cdot e^x$.

Dann ist $f'(x)$ gleich

A $x \cdot e^x + 1$

B $(1 + x) \cdot e^x$

C $x \cdot e^x$

D $x^2 \cdot e^{x-1}$

E $x^2 \cdot e^x$

MZ - 1 - 3 - 4 (++)   Fragetyp A_1

Es sei $f(x) = e^{x+1}$

Dann ist $f'(x)$ gleich

A $x \cdot e^{x+1} + e^x$

B $(x+1) \cdot e^{x+1}$

C $(x+1) \cdot e^x$

D e^{x+1}

E $x \cdot e^{x+1}$

MS - 1 - 4 - 1 (++)   Fragetyp A_1

Einer Tabelle der standardisierten Normalverteilung entnimmt man die Werte

     $\Phi(1.140) = 0.8729$ und $\Phi(1.150) = 0.8749$.

Durch lineares Interpolieren erhält man für $\Phi(1.144)$ den Wert

A   0.8733

B   0.8737

C   0.8741

D   0.87294

E   0.87486

MS - 1 - 4 - 2 (++)   Fragetyp A_1

Einer Tabelle der standardisierten Normalverteilung entnimmt man die Werte

     $\Phi(0.36) = 0.6406$ und $\Phi(0.37) = 0.6443$.

Durch lineares Interpolieren erhält man 0.6425 gleich

A $\Phi(0.365)$

B   Φ(0.362)
C   Φ(0.325)
D   Φ(0.450)
E   Φ(0.180)

FR - 1 - 5 - 1 (++)   Fragetyp A_1

Es ist $\sum_{j=1}^{3} 3^j$ gleich

A 3^6
B   27
C   39
D   40
E   13

FR - 1 - 5 - 2 (++)   Fragetyp A_1

Es ist $\sum_{i=1}^{2} \sum_{j=1}^{2} \left((i-1) \cdot j \right)$ gleich

A   3
B   4
C   5
D   6
E   12

MZ - 1 - 5 - 3 (++)   Fragetyp A_1

Es sei $a_{11} = 3$, $a_{12} = 2$, $a_{21} = -3$, $a_{22} = 3$.

Dann ist

A $\sum_{i=1}^{2} \sum_{j=1}^{2} a_{ij} = 0$

B $\prod_{j=1}^{2} \left(\prod_{i=1}^{2} a_{ij} \right) = -9$

C $\prod_{j=1}^{2} \left(\sum_{i=1}^{2} a_{ij} \right) = 3$

D $\sum_{j=1}^{2} \sum_{i=1}^{2} a_{ij} = 5$

E $\prod_{j=1}^{2} \left(\sum_{i=1}^{2} a_{ij} \right) = \sum_{j=1}^{2} \left(\prod_{i=1}^{2} a_{ij} \right)$

MS - 1 - 6 - 1 (+++)   Fragetyp A_1

Unter der Beobachtungseinheit versteht man

A   die Maßeinheit, als deren Vielfaches Ergebnisse von Versuchen mit quantitativen Ergebnissen angegeben werden

B   das Beobachtungsmaterial.

C   den einzelnen beobachteten Wert

D   den einzelnen Versuch, der jeweils einen Beobachtungswert liefert

E   das einzelne Objekt, an dem jeweils Beobachtungen vorgenommen werden

MS - 1 - 6 - 2 (+++)   Fragetyp A_1

Es soll die Gerinnungszeit des Blutes gesunder Menschen untersucht werden. Dazu wird in einem Laborversuch die Gerinnungszeit des Blutes mit zwei verschiedenen Methoden an Blut von 200 gesunden, zufällig ausgewählten Blutspendern gemessen.

Die Beobachtungseinheit(en) in diesem Versuch ist (sind)

A   das Labor

B   die zwei verschiedenen Meßmethoden

C   die möglichen verschiedenen Blutgruppen

D   die 200 Blutspender

E   Da es sich um ein Experiment handelt, gibt es keine Beobachtungseinheiten

MS - 1 - 6 - 3 (+++) Fragetyp A_1

Es soll untersucht werden, ob ein Zusammenhang besteht zwischen der Größe der Familie und dem Platz in der Geschwisterfolge einerseits und der Intelligenz andererseits. Dazu werden die Rekruten eines Jahrganges bei ihrer Musterung einem Intelligenztest unterzogen.

Bei dieser prospektiven Erhebung ist (sind) die Beobachtungseinheit(en)

A   die Personen, die den Test durchführen

B   die Testmethode

C   die Rekruten

D   die Familien, aus denen die Rekruten stammen

E   Da es sich um eine Erhebung handelt, gibt es keine Beobachtungseinheiten

MZ - 1 - 7 - 1 (+++) Fragetyp D

Prüfen Sie, welche der folgenden Merkmale qualitativ sind:
1 Blutgruppe
2 Pulsfrequenz
3 Erkrankung an Scharlach
4 Teilnahme an der heutigen Zwischenprüfung
5 Punktzahl bei der heutigen Zwischenprüfung

Wählen Sie bitte unter den folgenden Aussagekombinationen diejenige, die Sie für zutreffend halten.

Qualitativ sind nur die Merkmale:

A 2 und 5
B 1 und 3
C 1 und 4
D 1, 3 und 4
E Alle 5 Merkmale sind qualitativ

MS - 1 - 7 - 2 (+++) Fragetyp A_1

Ein Merkmal nennt man quantitativ, wenn seine Ausprägungen

A einander ausschließende Klassen darstellen, die sich begrifflich und nicht zahlenmäßig unterscheiden

B durch Messen oder Zählen in einer gewählten Maßeinheit festgestellt werden

C durch Codierung in Zahlen ausgedrückt werden können

D in Tabellenform dargestellt werden können

E mit gleicher Häufigkeit beobachtet werden

MS - 1 - 7,8 - 1 (+++) Fragetyp D

Welche der folgenden Merkmale sind diskret?

1 Körpergewicht,   4 Farbe der Augen
2 Körpergröße   5 Kopfumfang
3 Haarfarbe   6 Taillenweite

Wählen Sie bitte unter den folgenden Aussagekombinationen diejenige, die Sie für zutreffend halten.

Diskret sind nur die Merkmale

A 1 und 2,

B 3 und 4

C 1, 2, 5 und 6

D 5 und 6.

E Keines der 6 Merkmale ist diskret

ACH - 1 - 7, 8 - 2 (+++)　　　　　　　　　　　Fragetyp A_1

In einem klinischen Test soll die analgetische Wirkung von zwei Pharmaka verglichen werden. Die Wirkung wird jeweils durch das subjektive Schmerzempfinden der Patienten "gemessen". Das Merkmal "analgetische Wirkung" hat die Ausprägungen:
　　keine Wirkung
　　mäßige Wirkung,
　　gute Wirkung,
　　sehr gute Wirkung.

Das Merkmal "analgetische Wirkung" ist:

A quantitativ

B qualitativ

C stetig

D diskret.

E Keine der Aussagen A - D ist richtig

MS - 1 - 7, 8 - 3 (+++) Fragetyp C

Der Fettgehalt der Milch ist kein diskretes Merkmal,

<u>denn</u>

der Fettgehalt der Milch ist kein qualitatives Merkmal.

Bitte kreuzen Sie die Antwort A - E an, die nach Ihrer Meinung die beiden Feststellungen und ihre Verknüpfung richtig beurteilt:

Antwort	Feststellung 1	Feststellung 2	Verknüpfung
A	richtig	richtig	richtig
B	richtig	richtig	falsch
C	richtig	falsch	-
D	falsch	richtig	-
E	falsch	falsch	-

MS - 1 - 9 - 1 (+++) Fragetyp A_1

Bei einer Untersuchung an 200 Ratten wurden Durchmesser der Nervenzellkerne in $[\mu]$ gemessen. Die Daten wurden klassiert. In die Klasse (8.9, 9.1] fielen 40 Daten.

Die relative Häufigkeit für diese Klasse ist

A $\frac{0.2}{40}$

B $\frac{0.2}{40}\ \mu$

C $\frac{9}{40}\ \mu$

D $\frac{9}{200}\ \mu$

E $\frac{40}{200}$

MS - 1 - 9 - 2 (+++) Fragetyp A_1

Unter der relativen Häufigkeit einer Merkmalsausprägung versteht man die absolute Häufigkeit der Merkmalsausprägung

A dividiert durch die Anzahl der möglichen Ausprägungen

B   dividiert durch die Anzahl der möglichen verschiedenen Ausprägungen

C   dividiert durch die Anzahl der beobachteten verschiedenen Ausprägungen

D   dividiert durch die Anzahl aller Daten

E   vermindert um die Anzahl der Ausreißer

ACH - 1 - 10 - 1 (+++) Fragetyp A_1

Eine Datenmenge ist in folgende Klassen eingeteilt:

Klassennummer	Klasse
1	(4, 8]
2	(8, 12]
3	(12, 16]
4	(16, ∞)

Für die Klassenmitte x_4^* gilt:

A $x_4^* = x_3^* + 4 = 18$

B $x_4^* = 16$

C $x_4^* = 20$

D x_4^* ist nicht definiert

E $x_4^* = 12$

FR - 1 - 10 - 2 (+++) Fragetyp A_1

Die empirische Verteilungsfunktion gibt für alle x an:

A   den Anteil der Daten, die kleiner als x sind

B   die Anzahl der Daten, die größer als x sind

C   die Anzahl der Daten, die gleich x sind

D   den Anteil der Daten, die nicht größer als x sind

E   den Anteil der Daten, die größer oder gleich x sind

FR - 1 - 10 - 3 (+++) Fragetyp A_1

Wenn $F_n(x)$ eine empirische Verteilungsfunktion ist, dann gilt **stets**:

A $F_n(x) > F_n(x')$, wenn $x > x'$

B $F_n(x) \leq F_n(x')$, wenn $x < x'$

C $F_n(x) \leq F_n(x')$, wenn $x > x'$

D $F_n(x) = 1$ für alle $x > 0$

E $F_n(x) = 0$, wenn $x = x_{(1)}$

AMST - 1 - 10 - 4 (+++) Fragetyp A_2

Bei 200 Familien wurden folgende Anzahlen von Personen pro Familie festgestellt:

Personen pro Familie	2	3	4	5	6	7	8	9	10	11
Häufigkeit	15	35	50	30	20	16	14	10	5	5

Diese Daten weisen darauf hin, daß die Anzahl der Personen pro Familie

A einer Binomialverteilung

B einer Normalverteilung

C einer rechtsschiefen Verteilung

D einer linksschiefen Verteilung

E einer diskreten Gleichverteilung

folgt

ACH - 1 - 10 - 5 (+++) Fragetyp A_2

Nach einer bestimmten Behandlung wegen eines malignen Tumors war die Überlebensdauer von 10 zufällig ausgewählten Patienten einer Gruppe

5, 3, 10, 4, 7, 6, 4, 3, 14, 4 [Monate] .

Diese Daten weisen darauf hin, daß die Überlebensdauer dieser Gruppe

A einer Binomialverteilung
B einer Normalverteilung
C einer linksschiefen Verteilung
D einer rechtsschiefen Verteilung
E einer symmetrischen Verteilung

folgt

MS - 1 - 10 - 6 (+++)   Fragetyp A_1

Die empirische Verteilungsfunktion $F_n(x)$ gibt zu jedem Wert x an

A die Häufigkeit, mit der x beobachtet wurde
B die relative Häufigkeit, mit der x beobachtet wurde
C die relative Häufigkeit, mit der Daten kleiner als x beobachtet wurden
D die relative Häufigkeit, mit der Daten kleiner oder gleich x beobachtet wurden
E die Wahrscheinlichkeit, mit der Daten kleiner oder gleich x beobachtet wurden

MS - 1 - 10 - 7 (+++) Fragetyp A_2

Eine Klassierung der Daten eines stetigen Merkmals ist dann angebracht, wenn

A die Untersuchung sehr genau sein soll
B die Anzahl der Ausreißer sehr groß ist
C die Anzahl der Ausprägungen sehr groß ist
D man aus einem quantitativen Merkmal ein qualitatives Merkmal machen will
E man Ausreißer vermeiden will

MS - 1 - 10 - 8 (+++) Fragetyp A_1

In einem Stabdiagramm veranschaulicht man sich

A die absoluten Häufigkeiten der verschiedenen Ausprägungen eines diskreten Merkmals
B die Bedeutung der empirischen Kovarianz
C die Bedeutung des empirischen Regressionskoeffizienten
D den Grad der linearen Abhängigkeit zweier Merkmale
E den Anstieg der Regressionsgeraden

MS - 1 - 10 - 9 (+++) Fragetyp A_1

Ist $F_n(x)$ die empirische Verteilungsfunktion eines diskreten Merkmals mit den Ausprägungen $x_1^*, x_2^*, \ldots, x_k^*$, dann gilt stets:

A $F_n(x) = 0$ für alle x mit $x \geq x_k^*$
B $F_n(x) = 1$ für alle x mit $x \leq x_1^*$
C $F_n(x) = \dfrac{1}{j}$ für $x = x_j^*$

D $F_n(x) = 0$ für alle x mit $x \leq x_1^*$

E $F_n(x) = 1$ für alle x mit $x \geq x_k^*$

MS - 1 - 10 - 10 (+++) Fragetyp A_1

Unter der Besetzungszahl versteht man

A die Anzahl der verschiedenen Daten

B die Anzahl der Klassen bei klassierten Daten

C die Anzahl der Ausprägungen eines qualitativen Merkmals

D die Anzahl der Sprungstellen der empirischen Verteilungsfunktionen

E die Anzahl der Daten in einer Klasse

MS - 1 - 10 - 11 (+++) Fragetyp A_1

Liegen n Daten vor, dann dürfen Ausreißer bei der Auswertung der Daten weggelassen werden, wenn

A die Anzahl der Ausreißer kleiner ist als $\sqrt{n}$

B der Mittelwert der Ausreißer sich wesentlich vom Mittelwert der anderen Daten unterscheidet

C zwingende sachlogische Begründungen dies rechtfertigen

D die Beträge der Ausreißer größer sind als $\bar{x} + 2s$, wobei $\bar{x}$ und s Mittelwert und empirische Standardabweichung der Daten sind

E die Tabellen oder Diagramme sonst unübersichtlich werden

MS - 1 - 10 - 12 (+++)   Fragetyp A_1

Ordnet man die Daten $x_1, x_2, \ldots, x_n$ der Urliste, die zu einem Merkmal gehören, nach ihrer Größe, dann erhält man die

A   Strichliste
B   Häufigkeitstabelle
C   Kontingenztafel
D   Punktwolke
E   Rangliste

ACH - 1 - 11 - 1 (++)   Fragetyp A_1

Gegeben sind die 17 Daten $x_1, x_2, \ldots, x_{17}$.

Der empirische Median dieser Daten ist <u>stets</u>

A $x_{(9)}$
B $x_{(8.5)}$
C $x_{(8)}$
D $\frac{1}{2} \cdot (x_8 + x_9)$
E $\frac{1}{2} \cdot (x_{(8)} + x_{(9)})$

MS - 1 - 11 - 2 (++)   Fragetyp C

Der empirische Median einer Menge von Daten ist ein Lagemaß,

<u>denn</u>

der empirische Median ist in der Regel ungleich dem arithmetischen Mittelwert.

Bitte kreuzen Sie die Antwort A - E an, die nach Ihrer Meinung die beiden Feststellungen und ihre Verknüpfung richtig beurteilt:

Antwort	Feststellung 1	Feststellung 2	Verknüpfung
A	richtig	richtig	richtig
B	richtig	richtig	falsch
C	richtig	falsch	-
D	falsch	richtig	-
E	falsch	falsch	-

ACH - 1 - 11 - 3 (++)   Fragetyp A_1

$\bar{x}$ soll der arithmetische Mittelwert der Daten $x_1, x_2, \ldots, x_n$ sein. Die Daten $x_1, x_2, \ldots, x_n$ können beliebig positiv, negativ oder null sein.

Es ist <u>stets</u>

A $\bar{x} < 0$

B $\bar{x} > 0$

C $\bar{x} = 0$

D $\bar{x} \neq 0$

E   Keine der Aussagen A - D ist immer richtig

ACH - 1 - 11 - 4 (++)   Fragetyp A_1

s^2 soll die empirische Varianz der Daten $x_1, x_2, \ldots, x_n$ sein. Die Daten $x_1, x_2, \ldots, x_n$ können beliebig positiv, negativ oder null sein.

Es ist <u>stets</u>

A $s^2 \geq 0$

B $s^2 \neq 0$

C $s^2 > 0$

D $s^2 \leq 0$

E $s^2 = 0$

ACH - 1 - 11 - 5 (++)　　　　　　　　　　　　　　Fragetyp A_1

s^2 soll die empirische Varianz der Daten $x_1, x_2, \ldots, x_n$ sein.
Für die Daten $x_1, x_2, \ldots, x_n$ soll gelten: $x_i > 0$ ($i=1, 2, \ldots, n$).

Es ist <u>stets</u>

A　　$s^2 > 0$
B　　$s^2 < 0$
C　　$s^2 \geq 0$
D　　$s^2 \geq 1/n$
E　　$s^2 \geq n$

ACH - 1 - 11 - 6 (++)　　　　　　　　　　　　　　Fragetyp A_1

$\bar{x}$ soll der arithmetische Mittelwert der Daten $x_1, x_2, \ldots, x_n$ sein. Für die Daten $x_1, x_2, \ldots, x_n$ soll gelten: $x_i > 0$
($i=1, 2, \ldots, n$).

Es ist <u>stets</u>

A　　$\bar{x} > 0$
B　　$\bar{x} < 0$
C　　$\bar{x} = 0$
D　　$\bar{x} < n$
E　　$\bar{x} \geq n$

MS - 1 - 11 - 7 (++)　　　　　　　　　　　　　　Fragetyp C

Die Spannweite der Daten $x_1, x_2, \ldots, x_n$ ist kein Streuungsmaß,
<u>denn</u>

zur Berechnung der Spannweite benötigt man nicht alle Daten.

Bitte kreuzen Sie die Antwort A - E an, die nach Ihrer Meinung die beiden Feststellungen und ihre Verknüpfung richtig beurteilt:

Antwort	Feststellung 1	Feststellung 2	Verknüpfung
A	richtig	richtig	richtig
B	richtig	richtig	falsch
C	richtig	falsch	-
D	falsch	richtig	-
E	falsch	falsch	-

MS - 1 - 11 - 8 (++)   Fragetyp C

Die Spannweite der Daten $x_1, x_2, \ldots, x_n$ ist ein Lagemaß,

denn

zur Berechnung der Spannweite benötigt man nur das größte und das kleinste Datum.

Bitte kreuzen Sie die Antwort A - E an, die nach Ihrer Meinung die beiden Feststellungen und ihre Verknüpfung richtig beurteilt:

Antwort	Feststellung 1	Feststellung 2	Verknüpfung
A	richtig	richtig	richtig
B	richtig	richtig	falsch
C	richtig	falsch	-
D	falsch	richtig	-
E	falsch	falsch	-

ACH - 1 - 11 - 9 (++)   Fragetyp A_1

Die Spannweite der Daten $x_1, x_2, \ldots, x_n$ ist

A kein Streuungsmaß, weil nicht alle Daten berücksichtigt werden

B ein Streuungsmaß

C ein Lagemaß, weil nur das größte und das kleinste Datum berücksichtigt werden

D stets die Wurzel aus der empirischen Varianz

E Keine der Aussagen A - D ist richtig

FR - 1 - 11 - 10 (++) Fragetyp A_1

Die empirische Standardabweichung der Daten 0.5, 1, 1.5 ist

A 0.5

B 0.25

C $\sqrt{\frac{1}{6}}$

D $\sqrt{\frac{1}{3}}$

E 1

FR - 1 - 11 - 11 (++) Fragetyp A_1

Die empirische Varianz ist stets ein

A Lagemaß

B Streuungsmaß

C Maß für die Anzahl der Daten

D Quantil

E Lageparameter

FR - 1 - 11 - 12 (++) Fragetyp A_1

Die Daten $x_1, x_2, \ldots, x_n$ seien beliebig positiv, negativ oder null.

Es ist <u>stets</u>

A $\sum_{i=1}^{n} x_i^2 > \frac{1}{n}\left(\sum_{i=1}^{n} x_i\right)^2$

B $\sum_{i=1}^{n} x_i^2 < \frac{1}{n}\left(\sum_{i=1}^{n} x_i\right)^2$

C $\sum_{i=1}^{n} x_i^2 \geq \frac{1}{n}\left(\sum_{i=1}^{n} x_i\right)^2$

D $\quad \sum_{i=1}^{n} x_i^2 \leq \frac{1}{n} \left(\sum_{i=1}^{n} x_i \right)^2$

E $\quad \sum_{i=1}^{n} x_i^2 = \frac{1}{n} \left(\sum_{i=1}^{n} x_i \right)^2$

MS - 1 - 11 - 13 (++) Fragetyp C

Der empirische Median einer Datenmenge ist ein Lagemaß,

denn

der empirische Median ist immer gleich dem Mittelwert.

Bitte kreuzen Sie die Antwort A - E an, die nach Ihrer Meinung die beiden Feststellungen und ihre Verknüpfung richtig beurteilt:

Antwort	Feststellung 1	Feststellung 2	Verknüpfung
A	richtig	richtig	richtig
B	richtig	richtig	falsch
C	richtig	falsch	-
D	falsch	richtig	-
E	falsch	falsch	-

MS - 1 - 11 - 14 (++)   Fragetyp C

Der empirische Median einer Datenmenge ist ein Streuungsmaß,

<u>denn</u>

die Anzahl der Daten, die nicht größer sind als der empirische Median, ist gleich der Anzahl der Daten, die nicht kleiner sind als der empirische Median.

Bitte kreuzen Sie die Antwort A - E an, die nach Ihrer Meinung die beiden Feststellungen und ihre Verknüpfung richtig beurteilt:

Antwort	Feststellung 1	Feststellung 2	Verknüpfung
A	richtig	richtig	richtig
B	richtig	richtig	falsch
C	richtig	falsch	-
D	falsch	richtig	-
E	falsch	falsch	-

FR - 1 - 11 - 15 (++)   Fragetyp A_1

s_1^2, s_2^2 bzw. s_3^2 seien die empirischen Varianzen der drei Datenmengen

$$\{3, 5, 7\}, \quad \{0, 1, 2\}, \quad \{18, 20, 22\}.$$

Es ist

A $s_1^2 > s_3^2$

B $s_1^2 < s_3^2$

C $s_2^2 \geq s_3^2$

D $s_2^2 < s_3^2$

E $s_2^2 > s_1^2$

MS - 1 - 11 - 16 (++)   Fragetyp A_1

$x_{(1)}$ ist <u>stets</u>

A das kleinste Datum einer Datenmenge
B das erste Datum einer Datenmenge
C das größte Datum einer Datenmenge
D die Klassenmitte der ersten Klasse
E das Datum mit der größten Abweichung vom Mittelwert

FR - 1 - 11 - 17 (++)   Fragetyp A_2

Bei Daten eines stetigen Merkmals ist (sind)

A der Mittelwert gegenüber Ausreißern robust
B die Spannweite gegenüber Ausreißern robust
C der empirische Median gegenüber Ausreißern robust
D Mittelwert und empirischer Median gegenüber Ausreißern robust
E der Mittelwert gegenüber Ausreißern robuster als der empirische Median

MZ - 1 - 11 - 18 (++)   Fragetyp A_1

Der Mittelwert der Datenmenge $\{1, 1, 1, 2, 2, 2, 3, 4\}$ ist

A 2.5
B 2.0
C 1.875
D 2.175
E 2.1

FR - 1 - 11 - 19 (++) Fragetyp A_1

Man will die empirische Varianz der Daten $x_1, x_2, \ldots, x_n$ berechnen. Zur Vereinfachung zieht man von jedem Datum die Konstante a ab und berechnet aus den so erhaltenen Werten die empirische Varianz.

Um die empirische Varianz der ursprünglichen Daten zu erhalten, muß das Ergebnis

A   mit a multipliziert werden
B   mit a^2 multipliziert werden
C   durch a dividiert werden
D   Man braucht nicht zu korrigieren
E   Das Verfahren ist überhaupt unzulässig

MZ - 1 - 11 - 20 (++) Fragetyp A_1

Gegeben ist die folgende Häufigkeitstabelle:

Klasse	absolute Häufigkeit
(2, 4]	5
(4, 6]	20
(6, 8]	15
(8, 10]	10

Der Mittelwert der klassierten Daten ist

A   5.5
B   6.0
C   6.2
D   7.1
E   7.22

ACH - 1 - 11 - 21 (++)　　　　　　　　　　　　　Fragetyp A_1

Nach einer bestimmten Behandlung wegen eines malignen Tumors war die Überlebensdauer von 10 Patienten einer Gruppe

5, 3, 10, 4, 7, 6, 4, 3, 14, 4 [Monate].

Der empirische Median dieser Daten ist

A　4
B　4.5
C　5
D　6
E　6.5

ACH - 1 - 11 - 22 (++)　　　　　　　　　　　　　Fragetyp A_1

Bei 8 Ratten wurden folgende Blutzuckerwerte gefunden:

104, 116, 108, 110, 102, 112, 118, 110 [mg/100 ml].

Die empirische Varianz dieser Daten ist

A　5.1
B　26.0
C　29.71
D　34.7
E　5.45

ACH - 1 - 11 - 23 (++) Fragetyp A_1

Nach einer bestimmten Behandlung wegen eines malignen Tumors war die Überlebensdauer von 9 Patienten einer Gruppe

5, 3, 8, 4, 7, 6, 14, 4, 3 [Monate].

Die Spannweite dieser Daten ist

A 2

B $\sqrt{12}$

C 5.5

D $\sqrt{11}$

E 11

AMST - 1 - 11 - 24 (++) Fragetyp A_1

Bei 200 Familien wurden folgende Anzahlen von Personen pro Familie festgestellt:

Personen pro Familie	2	3	4	5	6	7	8	9	10	11
Häufigkeit	15	35	50	30	20	16	14	10	5	5

Der empirische Median dieser Daten ist

A 4

B 4.5

C 6.5

D 40

E 100

AMST - 1 - 11 - 25 (++) Fragetyp A_1

Bei 200 Familien wurden folgende Anzahlen von Personen pro Familie festgestellt:

Personen pro Familie	2	3	4	5	6	7	8	9	10	11
Häufigkeit	15	35	50	30	20	16	14	10	5	5

Die Spannweite dieser Daten ist

A 4.5

B 6.5

C 9

D 10

E 45

AMST - 1 - 11 - 26 (++)   Fragetyp A_1

Bei 200 Familien wurden folgende Anzahlen von Personen pro Familie festgestellt:

Personen pro Familie	2	3	4	5	6	7	8	9	10	11
Häufigkeit	15	35	50	30	20	16	14	10	5	5

Der Mittelwert dieser Daten ist

A 4

B 4.5

C 5.12

D 20

E 50

AMST - 1 - 11 - 27 (++) Fragetyp A_1

Bei 11 Studenten, die an einem Examen teilnahmen, ergaben sich folgende Punktzahlen als Prüfungsergebnis:

5, 4, 6, 7, 4, 6, 5, 8, 7, 6, 8.

Die empirische Varianz dieser Daten ist

A 1
B 2
C 3
D 4
E 6

MS - 1 - 11 - 28 (++) Fragetyp A_1

Falls alle Daten voneinander verschieden sind, ist die Anzahl der Daten, die kleiner als der empirische Median sind, <u>immer</u>

A gleich dem empirischen Median

B gleich dem empirischen Median, wenn die Anzahl der Daten gerade ist

C gleich dem empirischen Median, wenn die Anzahl der Daten ungerade ist

D gleich der halben Anzahl aller Daten

E gleich der Anzahl der Daten, die größer als der empirische Median sind

MZ - 1 - 12 - 1 (+) Fragetyp A_2

In einem festgelegten Bezugszeitraum wird für eine bestimmte Personengruppe festgestellt, daß die Inzidenz bzw. die Letalität einer Krankheit 30% bzw. 20% betragen.

Im gleichen Zeitraum beträgt die Mortalität ungefähr

A 6%

B 60%

C 0.36%

D 44%

E Aus diesen Angaben läßt sich die Mortalität nicht abschätzen

MS - 1 - 13 - 1 (+++)　　　　　　　　　　　　　　Fragetyp A_1
___

Beobachtet man an jeder Beobachtungseinheit neben dem Merkmal A mit den Ausprägungen $A_1, A_2, \ldots, A_k$ ein zweites Merkmal B mit den Ausprägungen $B_1, B_2, \ldots, B_\ell$, dann enthält die Kontingenztafel im Feld (i, j)

A die Wahrscheinlichkeit

B die absolute Summenhäufigkeit

C die absolute Häufigkeit

D die Rangzahl

E die relative Summenhäufigkeit

der Merkmalskombination A_i und B_j (i = 1, 2, ..., k; j = 1, 2, ..., ℓ)

MS - 1 - 13 - 2 (+++)　　　　　　　　　　　　　　Fragetyp A_1
___

Die Vierfeldertafel ist eine spezielle Form der Kontingenztafel, die benutzt wird, wenn

A jedes beobachtete Merkmal 4-fach klassiert ist

B landwirtschaftliche Versuche durchgeführt werden

C pro Beobachtungseinheit 4 Daten vorliegen

D an jeder Beobachtungseinheit 2 Merkmale mit jeweils 2 möglichen Ausprägungen beobachtet werden

E an jeder Beobachtungseinheit die Ausprägungen von 4 Merkmalen beobachtet werden

MS - 1 - 14 - 1 (+++)   Fragetyp A_2

Beobachtet man an jeder Beobachtungseinheit zwei quantitative stetige Merkmale, dann ist die geeignete Darstellungsform für die nicht klassierten Daten

A   das Histogramm
B   das Stabdiagramm
C   die Punktwolke
D   das Flächendiagramm
E   die Kontingenztafel

MS - 1 - 10, 13, 14 - 2 (+++)   Fragetyp A_2

Die geeignete Darstellungsform der Häufigkeiten eines stetigen Merkmals mit klassierten Daten ist

A   die Kontingenztafel
B   die Punktwolke
C   das Stabdiagramm
D   das Histogramm
E   das VENN-Diagramm

FR - 1 - 15 - 1 (+++)   Fragetyp A_1

Bei einem Patienten werden an 5 aufeinanderfolgenden Tagen folgende systolische Blutdruckwerte gemessen:

x_i = Tag	1	2	3	4	5
y_i = systol. Blutdruck [mm Hg]	145	135	120	115	110

Es ist $\bar{x} = 3$, $\bar{y} = 125$, $\Sigma x_i^2 = 55$, $\Sigma y_i^2 = 78975$, $\Sigma x_i y_i = 1785$, $b_1 = -9$, $r = -0.976$.

Es wird angenommen, daß der Blutdruck bis zum 8. Tag in gleicher Weise wie während der ersten 5 Tage abfällt. Aufgrund der Regressionsgleichung von y auf x erwartet man am 6. Tag einen Blutdruck von

A 98 mm Hg
B 100 mm Hg
C 105 mm Hg
D 93 mm Hg
E 90 mm Hg

FR - 1 - 15 - 2 (+++)   Fragetyp A_1

Bei einem Regressionsproblem hat man die Gleichung y = 5 - 2x für die Regressionsgerade berechnet. Hieraus folgt, daß

A die Maßzahl x im Mittel zwei Einheiten abnimmt, wenn die Maßzahl y eine Einheit zunimmt

B die Maßzahl y im Mittel zwei Einheiten zunimmt, wenn die Maßzahl x eine Einheit zunimmt

C die Maßzahl y im Mittel zwei Einheiten abnimmt, wenn die Maßzahl x eine Einheit zunimmt

D die Maßzahl y im Mittel stets 5 Einheiten größer ist als die Maßzahl x

E Keine der Aussagen A - D ist richtig

AMST - 1 - 15 - 3 (+++)   Fragetyp A_1

Bei einem Patienten, der eine Abmagerungskur macht, hat man nach jeweils 2 Wochen folgende Körpergewichte gemessen:

x_i [Wochen]	2	4	6	8	10
y_i [Gewicht in kg]	100	96	90	88	86

Es ist $\Sigma x_i^2 = 220$, $\Sigma y_i = 460$, $\Sigma x_i y_i = 2688$.

Nimmt man an, daß die Gewichtsabnahme linear ist und noch 20 Wochen auf die gleiche Art weitergeht, wie in den ersten 10 Wochen, dann erwartet man aufgrund der Regression von y auf x nach 12 Wochen ein Gewicht von

A   80.0 kg   D   84.0 kg
B   80.2 kg   E   85.0 kg
C   81.2 kg

MS - 1 - 15 - 4 (+++)   Fragetyp A_1

Die Regressionsgerade von x auf y geht **stets** durch

A   den Nullpunkt des Koordinatensystems
B   den "Schwerpunkt" $(\bar{x}, \bar{y})$
C   den Nullpunkt und den "Schwerpunkt" $(\bar{x}, \bar{y})$
D   mindestens 2 Punkte der aus den Daten gezeichneten Punktwolke
E   keinen Punkt der aus den Daten gezeichneten Punktwolke

FR - 1 - 16 - 1 (+++)   Fragetyp A_1

Gegeben sind die Datenpaare (x_i, y_i) (i = 1, 2, ..., n) der Merkmale X und Y.

Die Regressionsgerade von y auf x stimmt mit der Regressionsgeraden von x auf y überein, wenn

A alle Punkte (x_i, y_i) auf einer Geraden liegen
  $(i = 1, 2, \ldots, n)$

B die Merkmale empirisch unkorreliert sind

C die empirische Varianz der Datenmenge $\{x_1, x_2, \ldots, x_n\}$ mit der empirischen Varianz der Datenmenge $\{y_1, y_2, \ldots, y_n\}$ übereinstimmt

D die Merkmale X und Y diskret sind

E die Merkmale X und Y stetig sind

FR - 1 - 16 - 2 (+++)   Fragetyp A_1

Der empirische Regressionskoeffizient der Regression von y auf x gibt an, um wieviel Einheiten die Ausprägung des Merkmals

A X im Mittel zunimmt, wenn die Ausprägung des Merkmals Y um eine Einheit zunimmt

B Y im Mittel zunimmt, wenn die Ausprägung des Merkmals X um eine Einheit zunimmt

C Y im Mittel zunimmt, wenn die Ausprägung des Merkmals X um den Wert einer empirischen Standardabweichung zunimmt

D Y zunimmt, wenn die Ausprägung des Merkmals X um eine Einheit zunimmt

E Y zunimmt, wenn die Ausprägung des Merkmals X im Mittel um eine Einheit zunimmt

FR - 1 - 16 - 3 (+++)　　　　　　　　　　　　　Fragetyp A_1

Die Regressionsgerade $y = b_0 + b_1 \cdot x$ minimiert die Summe der Quadrate der Abstände der Punkte (x_i, y_i) von der Regressionsgeraden.

Dabei werden die Abstände

A　parallel zur Regressionsgeraden
B　senkrecht zur x-Achse
C　senkrecht zur y-Achse
D　senkrecht zur x-Achse und zur Regressionsgeraden
E　senkrecht zur y-Achse und zur Regressionsgeraden

gemessen

AMST - 1 - 17 - 1 (+++)　　　　　　　　　　　　Fragetyp A_1

Für den empirischen Korrelationskoeffizienten r gilt <u>stets</u>

A　　$r \leq 0$
B　　$0 \leq r \leq 1$
C　　$-1 \leq r \leq 1$
D　　$-1 < r < 1$
E　　$r \leq -1$

FR - 1 - 17 - 2 (+++)　　　　　　　　　　　　　Fragetyp A_1

Der empirische Korrelationskoeffizient ist

A　ein Lagemaß
B　ein Streuungsmaß
C　ein Quantil
D　ein Maß für die lineare Abhängigkeit
E　ein Maß für die Schiefe einer Verteilung

FR - 1 - 15, 17 - 3 (+++)   Fragetyp A_1

Sei b_1 der empirische Regressionskoeffizient der Regression von y auf x und r der empirische Korrelationskoeffizient.

Es gilt <u>stets</u>

A $b_1 \geq r$
B   aus $r = 1$ folgt $b_1 = 1$
C   aus $b_1 = 1$ folgt $r = 1$
D   aus $b_1 = 0$ folgt $r = 0$
E   aus $r = 0$ folgt $b_1 = 1$

MS - 1 - 17 - 4 (+++)   Fragetyp A_1

Ist der empirische Korrelationskoeffizient zweier Merkmale $r \approx 1$, dann deutet das darauf hin, daß

A   eine lineare Abhängigkeit zwischen den Merkmalen besteht
B   beide Merkmale die gleiche Anzahl von Ausprägungen haben
C   beide Merkmale empirisch unkorreliert sind
D   die empirischen Varianzen beider Merkmale etwa gleich sind
E   der empirische Regressionskoeffizient $b_1 \approx 1$ ist

Kapitel 2
Wahrscheinlichkeitsrechnung

MS - 2 - 18 - 1 (++) Fragetyp A_1

Wenn man nicht entscheidbare Ergebnisse ausschließt, besteht bei einmaligem Werfen einer Münze die Menge aller möglichen Ergebnisse aus

A 0

B 1

C 2

D 3

E 4

Elementen

ACH - 2 - 18 - 2 (++) Fragetyp A_1

Die Zufallsvariable X kann nur die Werte 4, 8 und 9 annehmen. Die "zugehörigen" Ereignisse seien A_1, A_2 und A_3.
Bei diesem Beispiel versteht man unter dem Begriff "Zufallsvariable"

A die Folge der Zahlen 4, 8, 9

B die Menge $\{4, 8, 9\}$

C die Menge $\{A_1, A_2, A_3\}$

D die Zuordnungsvorschrift, die jedem Ergebnis aus dem Ereignis A_1 die Zahl 4, jedem Ergebnis aus dem Ereignis A_2 die Zahl 8 und jedem Ergebnis aus dem Ereignis A_3 die Zahl 9 zuordnet

E die Folge der Wahrscheinlichkeiten $P(A_1)$, $P(A_2)$, $P(A_3)$

ACH - 2 - 18 - 3 (++)   Fragetyp A_1

A sei ein Ereignis und $\overline{A}$ sei das zu A komplementäre Ereignis.

Dann gilt immer

A $P(A) \geq P(\overline{A})$
B $P(\overline{A}) = 1 - P(A \cup \overline{A})$
C $P(A \cap \overline{A}) = P(A) + P(\overline{A})$
D $P(A) = 1 - P(\overline{A})$
E $P(\overline{A})$ läßt sich nicht allein aus $P(A)$ berechnen

FR - 2 - 18 - 4 (++)   Fragetyp A_1

Die Wahrscheinlichkeit, in zwei Würfen mit je zwei idealen Würfeln mindestens einen Sechserpasch (d. h. beide Würfel zeigen die Zahl 6) zu werfen, ist

A $1 - \left(\frac{5}{6}\right)^2 \simeq 0.3056$

B $\frac{1}{36} \simeq 0.0278$

C $1 - \left(\frac{35}{36}\right)^2 \simeq 0.0548$

D $\left(\frac{1}{36}\right)^2 \simeq 0.0008$

E $\left(\frac{1}{6}\right)^2 \simeq 0.0278$

FR - 2 - 18 - 5 (++) Fragetyp A_1

Die Wahrscheinlichkeit, mit einem idealen Würfel in zwei Würfen genau einmal eine 6 zu werfen, ist

A   1/3
B   11/36
C   13/36
D   10/36
E   2/36

FR - 2 - 18 - 6 (++) Fragetyp A_1

Die Wahrscheinlichkeit, mit zwei Würfeln in einem Wurf die Würfelsumme 3 zu werfen, ist

A   1/36
B   2/36
C   3/36
D   4/36
E   5/36

FR - 2 - 18 - 7 (++) Fragetyp A_1

In einer Gruppe von Patienten betrage der Anteil der Patienten, die lungen- oder herzkrank sind, 60 % und der Anteil der Patienten, die höchstens eine dieser Krankheiten haben, 80 %.

Der Anteil der Patienten, die genau eine der beiden Krankheiten haben, ist

A   20 %
B   30 %
C   40 %
D   50 %
E   60 %

FR - 2 - 18 - 8 (++)   Fragetyp A_1

Die Wahrscheinlichkeit, aus einem Skatspiel eine Pikkarte oder einen Buben zu ziehen, ist

A   1/32
B   4/32
C   3/32
D   11/32
E   12/32

ACH - 2 - 1, 18 - 9 (++)   Fragetyp A_1

S = $\{1, 3, 9, 27, 14, 6, 5\}$ sei das sichere Ereignis, und die Ereignisse A_1 = $\{3, 9, 5\}$ und A_2 = $\{1, 3, 27, 14, 9, 5\}$ seien in S enthalten.

Das Komplement von A_1 bezüglich S ist

A $\{1, 27, 14\}$
B $\{-3, -9, -5\}$
C $\{1, 27, 14, 6\}$
D $\{\frac{1}{3}, \frac{1}{9}, \frac{1}{5}\}$
E $S \cap A_2$

FR - 2 - 18 - 10 (++)   Fragetyp A_1

Für die Wahrscheinlichkeit P(A) eines beliebigen Ereignisses A gilt <u>immer</u>

A $0 \leq P(A) \leq 1$
B $1 \leq P(A) \leq 0$
C $0 < P(A) \leq 1$
D $0 \leq P(A) < 1$
E $0 < P(A) < 1$

FR - 2 - 18 - 11 (++) Fragetyp A_1

Bei einer Infektionskrankheit verlaufen 40 % der Fälle stumm. Die Wahrscheinlichkeit, daß von 4 infizierten Personen mindestens eine Person manifest erkrankt, ist

A $1 - (0.4)^4$
B $1 - (0.6)^4$
C $(0.6)^4$
D $(0.4)^4$
E 0.95

MS - 2 - 1,18 - 12 (++) Fragetyp C

$S = \{4, 9, 16, 19, 24, 3, 1\}$ sei das sichere Ereignis, und die Ereignisse $A_1 = \{16, 24, 3\}$ und $A_2 = \{1, 4, 16, 19, 24, 3\}$ seien in S enthalten.

A_1 und A_2 bilden kein vollständiges System,

<u>denn</u>

es gilt $A_1 \neq A_2$

Bitte kreuzen Sie die Antwort A - E an, die nach Ihrer Meinung die beiden Feststellungen und ihre Verknüpfung richtig beurteilt:

Antwort	Feststellung 1	Feststellung 2	Verknüpfung
A	richtig	richtig	richtig
B	richtig	richtig	falsch
C	richtig	falsch	-
D	falsch	richtig	-
E	falsch	falsch	-

ACH - 2 - 1,18 - 13 (++) Fragetyp C

$S = \{1, 3, 9, 27, 14, 6, 5\}$ sei das sichere Ereignis, und die Ereignisse $A_1 = \{3, 9, 5\}$ und $A_2 = \{1, 3, 27, 14, 9, 5\}$ seien in S enthalten.

A_1 und A_2 bilden ein vollständiges System,
<u>denn</u>
$A_1 \subset A_2$

Bitte kreuzen Sie die Antwort A - E an, die nach Ihrer Meinung die beiden Feststellungen und ihre Verknüpfung richtig beurteilt:

Antwort	Feststellung 1	Feststellung 2	Verknüpfung
A	richtig	richtig	richtig
B	richtig	richtig	falsch
C	richtig	falsch	-
D	falsch	richtig	-
E	falsch	falsch	-

MZ - 2 - 1, 18 - 14 (++)   Fragetyp A_1

Das Ereignis, das nur die durch 2 und 3 teilbaren möglichen Ergebnisse eines Wurfs mit einem Würfel enthält, ist

A $\{2\}$
B $\{3\}$
C $\{2, 3\}$
D $\{6\}$
E $\{1, 6\}$

MZ - 2 - 18 - 15 (++)　　　　　　　　　　　　　　　Fragetyp A_1

Von den drei Genotypen AA, Aa und aa nennt man den Typus Aa heterozygot. Diesen Genotypus haben beide Eltern, und es sei die Wahrscheinlichkeit für die Vererbung von A gleich der Wahrscheinlichkeit für die Vererbung von a.

Unter diesen Voraussetzungen ist die Wahrscheinlichkeit für ein Kind mit heterozygotem Genotypus

A　1/4

B　1/3

C　1/2

D　0

E　1

MZ - 2 - 18 - 16 (++)　　　　　　　　　　　　　　　Fragetyp A_1

S sei die Menge aller möglichen Ergebnisse einer Blutdruckmessung.

Die Feststellung, daß ein Patient einen Blutdruck von 135 mm Hg hat, bedeutet, daß folgendes eingetreten ist:

A　S

B　$\emptyset$

C　kein Ereignis

D　ein Elementarereignis

E　Keine der Aussagen A - D ist richtig

FR - 2 - 18 - 17 (++)　　　　　　　　　　　　　　　Fragetyp A_1

Bei Patienten wird vor einer Operation und zu zwei Zeitpunkten nach dieser Operation der diastolische Blutdruck gemessen. Der Wert vor der Operation wird mit dem größten Wert nach der Operation verglichen. Man spricht von einer Verbesserung, wenn dieser Wert größer ist als der Wert vor der Operation. Es wird vorausgesetzt, daß alle drei bei einem Patienten gemessenen Blutdruckwerte verschieden sind.

Unter der Annahme, daß die Operation überhaupt keinen Einfluß auf den diastolischen Blutdruck hat, ist die Wahrscheinlichkeit, daß man mit diesem Verfahren bei einer zufälligen Stichprobe das Befinden eines Patienten als verbessert bezeichnet,

A 1/3
B 1/2
C 2/3
D 3/4
E 1/4

FR - 2 - 2,18 - 18 (++)   Fragetyp A_1

Von 100 Studenten werden 6 Vertreter gewählt.

Die Wahrscheinlichkeit, daß die Reihenfolge der Stimmenzahlen mit der alphabetischen Reihenfolge der Namen der Gewählten übereinstimmt, ist

A $1/2^6$

B $1/6!$

C $\dfrac{100}{6}$

D $1/100!$

E $\binom{100}{6}$

MZ - 2 - 19 - 1 (+) Fragetyp A_1

Bei einer Statistik der Autounfälle habe sich ergeben, daß von den in einem viersitzigen PKW verletzten Insassen in 50 % der Fahrer, in 30 % der Beifahrer, in je 10 % eine Person auf einem der hinteren Sitze betroffen wurde.

Nach dieser Statistik wäre man am meisten gefährdet auf

A   dem Fahrersitz

B   dem Beifahrersitz

C   den beiden vorderen Sitzen gleichmäßig, weil der Beifahrersitz nicht immer besetzt ist

D   den beiden vorderen Sitzen, weniger auf den beiden hinteren Sitzen

E   Die Prozentzahlen lassen überhaupt keinen Schluß auf die Gefährdung zu, weil die Anteile von der unbekannten Besetzungshäufigkeit der Sitze abhängen

FR - 2 - 19 - 2 (+) Fragetyp A_1

Im Jahre 1972 ereigneten sich in 4 Abteilungen eines metallverarbeitenden Betriebes folgende Unfälle:

Abteilung	A	B	C	D	Gesamt
Anzahl der Unfälle	5	20	31	19	75
% der Unfälle	7	27	41	25	100

Man zieht aus diesen Daten den Schluß, daß in der Abteilung C die Wahrscheinlichkeit, daß ein Arbeiter einen Betriebsunfall erleidet, am größten ist.

A   Diese Schlußfolgerung ist richtig, weil die angegebene Anzahl in Abteilung C die höchste ist

B   Diese Schlußfolgerung ist richtig, weil der angegebene Prozentsatz in Abteilung C der höchste ist

C   Diese Schlußfolgerung ist unrichtig, weil die Art der Unfälle nicht berücksichtigt wurde

D   Diese Schlußfolgerung ist unrichtig, weil die Gefährlichkeit der Arbeit in den verschiedenen Abteilungen nicht berücksichtigt wurde

E   Die Richtigkeit dieser Schlußfolgerung kann nicht überprüft werden, weil wesentliche Angaben fehlen

MS - 2 - 20 - 1 (++) Fragetyp D

Welche der folgenden Zusammenhänge sind determiniert, welche sind nicht determiniert?

1 Anzahl der Würfe mit einem Würfel und Summe der gewürfelten Augenzahlen
2 Fallhöhe und Aufprallgeschwindigkeit eines Körpers im Vakuum
3 Masse und Gewicht eines Körpers
4 zur Heilung einer Krankheit angewandte Therapie und Heilerfolg
5 Tageszeit und Stand der Sonne zu diesem Zeitpunkt
6 Krankheit eines Patienten und Diagnose des Arztes

Wählen Sie bitte unter folgenden Aussagekombinationen diejenige, die Sie für zutreffend halten

Nicht determiniert sind nur die Zusammenhänge

A 1   D 1, 2 und 5
B 1, 4 und 6   E 1 und 6
C 1, 4 und 5

MS - 2 - 20 - 2 (++) Fragetyp C

Das Ergebnis eines Wurfes mit einem gegebenen Würfel ist zufällig,

<u>denn</u>

es läßt sich nicht entscheiden, ob der gegebene Würfel ein idealer Würfel ist.

Bitte kreuzen Sie die Antwort A - E an, die nach Ihrer Meinung die beiden Feststellungen und ihre Verknüpfung richtig beurteilt:

Antwort	Feststellung 1	Feststellung 2	Verknüpfung
A	richtig	richtig	richtig
B	richtig	richtig	falsch
C	richtig	falsch	-
D	falsch	richtig	-
E	falsch	falsch	-

FR - 2 - 1,21 - 1 (++) Fragetyp A_1

Die Wahrscheinlichkeit, daß genau eines der Ereignisse A oder B eintritt, ist <u>stets</u>

A $P(A) + P(B) + 2 \cdot P(A \cap B)$
B $P(A) + P(B) + P(A \cap B)$
C $P(A) + P(B)$
D $P(A) + P(B) - P(A \cap B)$
E $P(A) + P(B) - 2 \cdot P(A \cap B)$

FR - 2 - 1,21 - 2 (++) Fragetyp A_1

A und B seien zwei Ereignisse.

Dann ist $P(\overline{A \cap B})$ die Wahrscheinlichkeit, daß

A A und B eintreten
B A oder B eintreten
C weder A noch B eintreten
D A aber auch B oder B aber auch A eintreten
E A und B nicht beide eintreten

FR - 2 - 1,21 - 3 (++) Fragetyp A_1

Die Wahrscheinlichkeit, daß höchstens eines der Ereignisse A oder B eintritt, ist <u>stets</u>

A $P(A) + P(B) - 2 \cdot P(A \cap B)$
B $P(A) + P(B) - P(A \cap B)$
C $1 - P(A) - P(B)$
D $1 - P(A \cap B)$
E $1 - P(A) - P(B) + P(A \cap B)$

ACH - 2 - 21 - 4 (++) Fragetyp A_1

Es gilt <u>immer</u> $P(A \cup B) = P(A) + P(B)$, wenn

A A und B disjunkt sind
B A und B unabhängig sind
C A in B enthalten ist
D A und B beliebige Ereignisse sind
E A das sichere Ereignis ist

MZ - 2 - 21 - 5 (++) Fragetyp A_1

Es sei $A \cap B \neq \emptyset$.
Dann ist $P(A \cup B) = P(A) + P(B) - P(A \cap B)$

A immer falsch
B immer richtig
C nur richtig, falls $P(A) = 1$
D nur richtig, falls $P(A \cap B) = 0$
E nur richtig, falls $A = B$

MZ - 2 - 21 - 6 (++) Fragetyp A_1

Seien A und B Ereignisse mit $A \cap B = \emptyset$.
Dann ist <u>stets</u>

A $P(A) < 1$
B $P(B) < P(A)$
C $P(A) < P(B)$
D $0 \leq P(A) \leq 1$
E Keine der Aussagen A - D ist richtig

FR - 2 - 22 - 1 (+++) Fragetyp A_1

Ein Patient soll sich der Operation A und nach geraumer Zeit der Operation B unterziehen. Aufgrund langjähriger Erfahrung kennt man die Wahrscheinlichkeiten 0.1 bzw. 0.2, diese Operationen nicht zu überleben.

Die Wahrscheinlichkeit, daß der Patient nicht beide Operationen überlebt, ist

A   0.28
B   0.02
C   0.20
D   0.32
E   0.30

FR - 2 - 22 - 2 (+++) Fragetyp A_1

Bei Patienten mit einseitiger Migräne seien linksseitige und rechtsseitige Migräne gleich wahrscheinlich.

Die Wahrscheinlichkeit, daß 10 zufällig ausgewählte Patienten mit einseitiger Migräne die Migräne auf der gleichen Seite haben, ist

A   1/1024
B   1/512
C   1/20
D   1/10
E   1/2

FR - 2 - 22 - 3 (+++) Fragetyp A_1

Bei einem Totowürfel tritt "1" mit der Wahrscheinlichkeit 1/2, "2" mit der Wahrscheinlichkeit 1/3 und "0" mit der Wahrscheinlichkeit 1/6 ein.

Die Wahrscheinlichkeit, daß für die ersten 3 Spiele die Werte 1, 1, 2 gewürfelt werden, ist

A 1/12
B 1/6
C 1/4
D 1/3
E 1/2

FR - 2 - 22 - 4 (+++)   Fragetyp A_1

Drei Jäger schießen gleichzeitig auf einen Hasen. Jeder Jäger trifft mit der Wahrscheinlichkeit 1/3.

Die Wahrscheinlichkeit, daß der Hase getroffen wird, ist

A 1
B 1/3
C 2/3
D 18/27
E 19/27

MZ - 2 - 22 - 5 (+++)   Fragetyp D

Unterscheiden Sie in den folgenden Beispielen, in welchen Fällen das 1. Ereignis und das 2. Ereignis unabhängig sind.

	1. Ereignis	2. Ereignis
(1)	Geschlecht des ersten Kindes	Geschlecht der Mutter
(2)	Scharlach des ersten Kindes (Geburt März 1965; Scharlach September 1970)	Scharlach des zweiten Kindes (Geburt Februar 1968; Scharlach September 1970)
(3)	Scharlach des ersten Kindes (Geburt März 1965; Scharlach Oktober 1967)	Scharlach des zweiten Kindes (Geburt März 1968; Scharlach Oktober 1973)
(4)	Augenfarbe des Vaters	Augenfarbe des Sohnes

Wählen Sie bitte unter folgenden Aussagekombinationen diejenige, die Sie für zutreffend halten.

Unabhängigkeit liegt vor

A nur bei 1   D bei 1, 2, 3 und 4
B nur bei 1 und 3   E In keinem Fall liegt
C nur bei 1, 2 und 3   Unabhängigkeit vor

MS - 2 - 22 - 6 (+++) Fragetyp A_1

Sind A und B unabhängig, dann gilt <u>stets</u>

A $A \cap B = 0$
B $A \subseteq B$
C $P(A \cup B) = P(A) + P(B)$
D $P(A \cap B) = P(A) \cdot P(B)$
E $P(A \cap B) = P(A) + P(B)$

MZ - 2 - 22 - 7 (+++) Fragetyp A_1

Sei S das sichere Ereignis, und seien die Ereignisse A und B Untermengen von S mit $P(A) = 0.2$, $P(B) = 0.8$, $P(A \cap B) = 0.16$.

Dann gilt

A A und B sind unabhängig
B $A = \emptyset$
C $B = S$
D A und B sind nicht unabhängig
E Keine der Aussagen A - D ist richtig

FR - 2 - 22, 23 - 1 (+++) Fragetyp A_1

Sind A und B mit $P(A) = 0.4$ und $P(B) = 0.5$ unabhängig, dann ist $P(A \cap B)$ gleich

A 0.9
B 0.1
C 0.4
D 0.3
E 0.2

MS - 2 - 23 - 2 (++) Fragetyp D

A und B seien Ereignisse. Aus welchen der folgenden Beziehungen folgt stets die Unabhängigkeit von A und B?

1 $P(\overline{A} \cap B) = P(A \cap \overline{B})$
2 $P(A) \cdot P(B) = P(\overline{A} \cap B)$
3 $P(A \cap \overline{B}) = P(A) \cdot P(\overline{B})$
4 $(1 - P(A)) \cdot (1 - P(B)) = P(\overline{A}) \cdot P(\overline{B})$
5 $P(A) = 1 - P(B)$
6 $P(A \cap \overline{B}) = P(\overline{A}) \cdot P(B)$

Wählen Sie bitte unter folgenden Aussagekombinationen diejenige, die Sie für zutreffend halten.

Unabhängigkeit folgt nur aus

A 2, 3, 4 und 6   D 3
B 1 und 5   E 6
C 3 und 6

MS - 2 - 23 - 3 (++) Fragetyp A_1

Zwei Ereignisse A und B sind <u>stets</u> unabhängig, wenn in dem Vierfelderschema

	A	$\overline{A}$
B	$P(A \cap B)$	$P(\overline{A} \cap B)$
$\overline{B}$	$P(A \cap \overline{B})$	$P(\overline{A} \cap \overline{B})$

A die Zeilensummen übereinstimmen
B die Spaltensummen übereinstimmen
C die Summe der ersten bzw. der zweiten Zeile P(B) bzw. $P(\overline{B})$ ergibt
D die Summe der ersten bzw. der zweiten Spalte P(A) bzw. $P(\overline{A})$ ergibt
E Keine der Aussagen A - D ist richtig

MS - 2 - 22,23 - 4 (+++) Fragetyp A_1

Bei Bronchialkarzinom können Karzinomzellen von der Tumoroberfläche abgeschilfert und im Sputum cytologisch nachgewiesen werden. Die Wahrscheinlichkeit, daß bei Bronchialkarzinom Karzinomzellen im Sputum nachgewiesen werden, sei 0.7 und dieser Nachweis sei an einem Tag unabhängig vom Nachweis an einem anderen Tag.

Unter diesen Voraussetzungen ist die Wahrscheinlichkeit, ein vorhandenes Bronchialcarcinom bei Sputumuntersuchungen an drei aufeinanderfolgenden Tagen nachzuweisen, gleich

A $(0.7)^3$ = 0.343
B $(0.3)^3$ = 0.027
C $(0.7)^3 - (0.3)^3$ = 0.316
D $1 - (0.7)^3$ = 0.657
E $1 - (0.3)^3$ = 0.973

MS - 2 - 22,23 - 5 (+++) Fragetyp A_1

Bei Bronchialkarzinom können Karzinomzellen von der Tumoroberfläche abgeschilfert und im Sputum cytologisch nachgewiesen werden. Die Wahrscheinlichkeit, daß bei Bronchialkarzinom Karzinomzellen im Sputum nachgewiesen werden, sei 0.7 und dieser Nachweis sei an einem Tag unabhängig vom Nachweis an einem anderen Tag.

Wieviele Sputumuntersuchungen müssen bei Verdacht auf Bronchialkarzinom mindestens durchgeführt werden, damit die Wahrscheinlichkeit, ein vorhandenes Bronchialkarzinom nicht nachzuweisen, höchstens 0.01 ist?

A 1
B 2
C 3
D 4
E 5

MS - 2 - 22,23 - 6 (+++) Fragetyp A_1

Die Wahrscheinlichkeit, bei Lebermetastasen eines Magenkarzinoms bei einer Leberpunktion eine Metastase zu treffen, sei 0.4. Die Ereignisse, bei verschiedenen Punktionen beim gleichen Patienten eine Metastase zu treffen, seien unabhängig.

Dann ist die Wahrscheinlichkeit, bei zweimaliger Punktion einer Metastasenleber mindestens einmal eine Metastase zu treffen, gleich

A 0.36
B 0.64
C 0.60
D 0.40
E 0.24

MS - 2 - 22,23 - 7 (+++) Fragetyp D

Die Wahrscheinlichkeiten, bei einem Bronchialkarzinom die richtige Diagnose zu stellen, seien bei

1 cytologischer Sputumuntersuchung gleich 0.6
2 histologischer Untersuchung von Material einer Probeexcision gleich 0.9
3 röntgenologischer Untersuchung gleich 0.7
4 Perkussion gleich 0.01

Nehmen Sie an, daß die Nachweise mit den 4 Methoden unabhängig sind.

Wählen Sie bitte unter folgenden Aussagekombinationen diejenige, die Sie für zutreffend halten.

Die Wahrscheinlichkeit einer Fehldiagnose ist kleiner als 0.05 bei den Untersuchungskombinationen

A 1 mit 3
B 1 mit 4
C 2 mit 4
D 3 mit 4
E 1 mit 2

MS - 2 - 22,23 - 8 (+++) Fragetyp A_1

Die Wahrscheinlichkeit für den Nachweis von Karzinomzellen im Sputum bei Bronchialkarzinom sei bei einmaliger Untersuchung gleich 0.7. Ist die erste Untersuchung negativ verlaufen, dann sei bei einer weiteren Untersuchung die Wahrscheinlichkeit für den Nachweis von Karzinomzellen im Sputum gleich 0.3.

Unter diesen Voraussetzungen ist die Wahrscheinlichkeit bei einem Bronchialkarzinom bei zweimaliger Untersuchung des Sputums keine Karzinomzellen zu finden, gleich

A 0
B 1
C 3/7
D 0.21
E 1/7

FR - 2 - 1,24 - 1 (++) Fragetyp A_1

Es ist <u>stets</u>

A $P(A \cap B) = P(A) \cdot P(A \mid B)$
B $P(A \mid B) = 1 - P(B \mid A)$
C $P(\overline{A} \cup \overline{B}) = 1 - P(A \cap B)$
D $P(A \cap \overline{B}) = P(A) \cdot P(B)$
E $P(\overline{A} \cap B) = (1 - P(B)) \cdot P(\overline{A} \mid B)$

FR - 2 - 24 - 2 (++) Fragetyp A_1

Die Wahrscheinlichkeit, daß eine Blutprobe einem falschen Namen zugeordnet ist, sei p. Ein Verkehrssünder A, der behauptet, daß seine Blutprobe verwechselt sei, verlangt eine Blutgruppenuntersuchung. Die Blutgruppe von A tritt in der Bevölkerung mit der Wahrscheinlichkeit r auf.

Nachdem die Gleichheit der Blutgruppe festgestellt worden ist, ist die Wahrscheinlichkeit für eine Verwechslung noch

A   p

B   r

C   p · r

D $\dfrac{p \cdot r}{1 - p}$

E $\dfrac{p \cdot r}{p \cdot r + 1 - p}$

MZ - 2 - 24 - 3 (++)   Fragetyp A_1

Sei S das sichere Ereignis, und A und B seien Teilmengen von S mit P(A) = 0.4, P(B) = 0.2 und P(A ∩ B) = 0.1.

Dann ist P(A | B) gleich

A   0.04

B   0.06

C   0.25

D   0.50

E   1.25

MZ - 2 - 24 - 4 (++)   Fragetyp A_1

Bei einem Rattenstamm tritt mit der Wahrscheinlichkeit 0.6 Haarausfall und mit der Wahrscheinlichkeit 0.5 ein Leberschaden auf. Weiter weiß man, daß mit der Wahrscheinlichkeit 0.4 beim gleichen Tier sowohl Haarausfall als auch ein Leberschaden auftritt.

Wenn man ein Tier mit Haarausfall herausgreift, ist die Wahrscheinlichkeit, daß dieses Tier einen Leberschaden hat, gleich

A   6/4

B   5/6

C   4/5

D   2/3

E   1/10

MZ - 2 - 25 - 1 (++)   Fragetyp A_1

Für die Aussaat wurde Saatweizen der Sorte 1 mit einer gewissen Menge Zusatz anderer Sorten 2, 3 und 4 vorbereitet, sodaß ein zufällig entnommenes Korn mit der Wahrscheinlichkeit $P(A_i)$ zur Sorte i gehört (i=1, 2, 3, 4). Diese Wahrscheinlichkeiten sind: $P(A_1)$ = 0.96, $P(A_2)$ = 0.01, $P(A_3)$ = = 0.02 und $P(A_4)$ = 0.01. Daß aus einem Korn eine Ähre wächst, die mindestens 50 Körner enthält, geschehe mit den Wahrscheinlichkeiten 0.5 für ein Korn der Sorte 1, 0.15 für ein Korn der Sorte 2, 0.2 für ein Korn der Sorte 3 und 0.05 für ein Korn der Sorte 4.

Insgesamt ist dann die Wahrscheinlichkeit, daß eine Ähre mindestens 50 Körner enthält,

A 0.960
B 0.985
C 0.972
D 0.486
E 0.053

MZ - 2 - 25 - 2 (++)   Fragetyp A_1

Ein Schäfer besitzt eine Schafherde mit Tieren aus 2 Zuchtstämmen A und B, wobei der Anteil der Tiere aus A 40 % ist. Es ist bekannt, daß die Schafleukose bei den Tieren aus A mit einer Wahrscheinlichkeit von 0.02 und bei den Tieren aus B mit einer Wahrscheinlichkeit von 0.04 auftritt.

Dann ist die Wahrscheinlichkeit, daß ein Tier aus dieser Schafherde Leukose hat,

A 0.25
B 0.75
C 0.032
D 0.32
E 0.24

FR - 2 - 26 - 1 (+) Fragetyp A_1

In der BAYESschen Formel

$$P(A_i \mid B) = \frac{P(A_i) \cdot P(B \mid A_i)}{\sum_{k=1}^{n} P(A_k) \cdot P(B \mid A_k)}$$

wird vorausgesetzt, daß die Ereignisse $A_1, A_2, \ldots, A_n$

A unabhängig

B disjunkt

C gleichwahrscheinlich

D unabhängig von B

E abhängig von B

sind

MZ - 2 - 24, 26 - 2 (++) Fragetyp A_1

Die Wahrscheinlichkeit, mit der bei einem Patienten aus einer durch eine Röntgenreihenuntersuchung erfaßten Grundgesamtheit eine TBC vorliegt, sei 0.01. Weiter sei 0.99 die Wahrscheinlichkeit, mit der bei dieser Untersuchung bei einem TBC-Kranken und 0.01 die Wahrscheinlichkeit, mit der bei dieser Untersuchung bei einem Nicht-TBC-Kranken die Diagnose "TBC" gestellt wird.

Unter diesen Voraussetzungen ist die Wahrscheinlichkeit dafür, daß bei der Diagnose "TBC" auch tatsächlich TBC vorliegt,

A 0.10

B 0.05

C 0.50

D 0.90

E 0.99

MZ - 2 - 26 - 3 (+)   Fragetyp A_2

Bei einem Vaterschaftsprozeß kommen genau 2 Männer als Vater infrage und zwar ein Mann mit der Blutgruppe A mit Wahrscheinlichkeit 0.9, und ein Mann mit der Blutgruppe B. Nach einer Untersuchung der Blutgruppe des Kindes ergibt sich, daß die Blutgruppenkonstellation (Mutter, Kind) die Wahrscheinlichkeit 0.1 besitzt, wenn ein Mann mit der Blutgruppe A der Vater ist, während sie die Wahrscheinlichkeit 0.8 besitzt, wenn ein Mann mit der Blutgruppe B der Vater ist.

Nachdem dies festgestellt worden ist, ist die Wahrscheinlichkeit, daß der Mann mit der Blutgruppe A der Vater ist, ungefähr

A   0.72
B   0.80
C   0.10
D   0.53
E   0.28

MZ - 2 - 4, 27 - 1 (++)   Fragetyp D

In einer Stadt mit 200 000 Einwohnern sind in einem Jahr 2 200 Personen gestorben. Dann ist die Sterbeziffer

1   11 %
2   1.1 %
3   0.11 %
4   11 auf 1000
5   1.1 auf 1000

Wählen Sie bitte unter folgenden Aussagekombinationen diejenige, die Sie für zutreffend halten.

Die Sterbeziffer ist richtig angegeben

A   nur in 3 und 5
B   nur in 2 und 4
C   nur in 1
D   nur in 2
E   nur in 3

MZ - 2 - 27 - 2 (++)　　　　　　　　　　　　Fragetyp A_1

Zur Berechnung der Sterbeziffer von 30- bis 34-jährigen Frauen eines Jahres wird in den Zähler die Anzahl der Todesfälle der 30- bis 34-jährigen Frauen gesetzt.

Im Nenner steht

A   die Gesamtzahl der Bevölkerung

B   die Gesamtzahl der Frauen

C   die Anzahl der Todesfälle der Frauen aller Alterklassen

D   die Anzahl der 30- bis 34-jährigen Personen in der Bevölkerung

E   die Anzahl der 30- bis 34-jährigen Frauen in der Bevölkerung

MZ - 2 - 27 - 3 (++)　　　　　　　　　　　　Fragetyp A_1

Was bedeutet die Feststellung, daß 1970 die Lebenserwartung eines neugeborenen Knaben 67.2 Jahre ist?

67.2 Jahre ist

A   das durchschnittliche Sterbealter der 1903 geborenen Männer

B   der Median der Verteilung der Sterbealter der 1970 verstorbenen Männer

C   das aus der Sterbetafel der 1970 geborenen Knaben errechnete durchschnittliche Sterbealter

D   das aus der nach den Sterbeziffern für 1970 ermittelte durchschnittliche Lebensalter der stationären männlichen Bevölkerung

E   das aus der nach den Sterbeziffern für 1970 ermittelte durchschnittliche Sterbealter der stationären männlichen Bevölkerung

FR - 2 - 29 - 1 (+)   Fragetyp A_1

Eine diskrete Zufallsvariable kann Werte annehmen

A   in allen Punkten eines Intervalls

B   auf der ganzen x-Achse

C   nur in abzählbar vielen Punkten

D   nur im Intervall (0, 1)

E   nur im Intervall [0, 1]

MZ - 2 - 29 - 2 (+)   Fragetyp A_1

Sei $S = \{e_1, e_2, e_3, e_4\}$, und sei X eine Zufallsvariable mit $X(e_i) = i - 1$ (i = 1, 2, 3, 4). Außerdem seien die Wahrscheinlichkeiten $P(e_1) = 1/2$, $P(e_2) = 1/4$, $P(e_3) = 1/8$ und $P(e_4) = 1/8$ gegeben.

Dann ist die Wahrscheinlichkeit des Ereignisses $\{X = 1\}$

A   1/2

B   0

C   3/8

D   1

E   1/4

MS - 2 - 29 - 3 (+)   Fragetyp A_1

Sei X eine Zufallsvariable mit stetiger Verteilungsfunktion F(x) Dann ist -X auch eine Zufallsvariable mit der Verteilungsfunktion G(x).

Es ist <u>stets</u>

A $G(x) = F(x)$

B $G(x) = -F(x)$

C $G(x) = F(-x)$

D $G(x) = 1 - F(x)$

E $G(x) = 1 - F(-x)$

MS - 2 - 29 - 4 (+)   Fragetyp A_1

Sei X eine Zufallsvariable mit der Verteilungsfunktion F(x), und es sei F(0) = 0.

Das bedeutet

A   X kann nur von 0 verschiedene Werte annehmen

B   X kann nur positive Werte annehmen

C   die Wahrscheinlichkeit dafür, daß X nicht negative Werte annimmt, ist eins

D   die Wahrscheinlichkeit dafür, daß X positive Werte annimmt, ist null

E   Keine der Aussagen A - D ist richtig

MS - 2 - 29 - 5 (+)   Fragetyp A_1

X sei eine Zufallsvariable, die nur den konstanten Wert c annehmen kann.

Für die Verteilungsfunktion F(x) von X gilt

A $F(x) = c$, $-\infty < x < +\infty$

B $F(c) = x$, $-\infty < x < +\infty$

C $F(x) = 0$, $-\infty < x < +\infty$

D   X ist definitionsgemäß keine Zufallsvariable und besitzt demnach auch keine Verteilungsfunktion

E   Keine der Aussagen A - D ist richtig

FR - 2 - 30 - 1 (++) Fragetyp A_1

In der Stadt A kostet ein Straßenbahnfahrschein 90 Pfennig. Mit der Wahrscheinlichkeit 0.05 wird jeder schaffnerlose Wagen kontrolliert.

Wie hoch muß für einen Fahrgast, der ohne Fahrschein angetroffen wird, das erhöhte Fahrgeld mindestens sein, damit es sich für ihn nicht "lohnt", in schaffnerlosen Wagen stets ohne Fahrschein zu fahren?

A 9.00 DM
B 4.00 DM
C 18.00 DM
D 8.55 DM
E 27.00 DM

FR - 2 - 30 - 2 (++) Fragetyp A_1

Wenn bei der Durchsicht dieser Fragen ein Kreuz an falscher Stelle mit 0, an richtiger Stelle mit 1 benotet wird, dann ist der Erwartungswert der Note pro Aufgabe, wenn rein zufällig angekreuzt wird,

A 4/5
B 1
C 1/2
D 1/5
E 0

MZ - 2 - 30 - 3 (++) Fragetyp A_1

Beim Schießen auf eine Zielscheibe mit 3 Ringen hat man die folgenden möglichen Ergebnisse:

e_1: Treffer außerhalb der Ringe   mit $P(e_1) = 1/2$
e_2: Treffen des äußeren Ringes   mit $P(e_2) = 1/4$
e_3: Treffen des mittleren Ringes   mit $P(e_3) = 1/8$
e_4: Treffen des Zentrums   mit $P(e_4) = 1/8$

Der Erwartungswert der durch $X(e_i) = i-1$ definierten Zufallsvariablen ist

A 23/8

B 15/8

C 1

D 7/8

E Der Erwartungswert läßt sich aus diesen Angaben nicht berechnen

---

MZ - 2 - 30 - 4 (++)   Fragetyp A_1

Eine Impfung wird solange wiederholt, bis sie angeht; sie darf jedoch höchstens dreimal durchgeführt werden. Die möglichen Ergebnisse sind also:

e_1: Impfung geht sofort an   mit $P(e_1) = 1/2$
e_2: Impfung geht erst bei der 2. Impfung an   mit $P(e_2) = 1/4$
e_3: Impfung geht erst bei der 3. Impfung an   mit $P(e_3) = 1/6$
e_4: Impfung geht nicht an   mit $P(e_4) = 1/12$

Der Erwartungswert der durch $X(e_i) = i$ definierten Zufallsvariablen X ist

A 1

B 2

C 0.6

D 11/6

E 7/3

MS - 2 - 31 - 1 (++)   Fragetyp A_1

Die Dauer eines Krankenhausaufenthaltes wegen einer bestimmten Krankheit ist eine Zufallsvariable. Sie besitzt <u>stets</u> dann eine große Varianz,

A   wenn die Ursachen der Erkankung unbekannt sind

B   wenn der Patient zu spät eingewiesen worden ist

C   wenn bei dieser Krankheit Abweichungen von der durchschnittlichen Dauer eine große Wahrscheinlichkeit besitzen

D   wenn der Krankheitsverlauf von vielen, zum Teil unbekannten Faktoren abhängt

E   wenn es sich um eine selten vorkommende Krankheit handelt

MS - 2 - 31 - 2 (++)   Fragetyp A_1

X sei eine Zufallsvariable mit Verteilungsfunktion $F(x)$ und Varianz σ^2. c sei eine positive reelle Zahl.
Es ist <u>stets</u> $\sigma^2 > c$,

A   falls $P(|X| > c) = 1$

B   falls $F(x) > c$ für alle $x \geq c$

C   falls $F(-c) = F(+c) = 1$

D   falls $E(X^2) > c$

E   Keine der Aussagen A - D ist richtig

MS - 2 - 31 - 3 (++)   Fragetyp A_1

Die Varianz σ^2 ist

A   ein Parameter

B   eine Zufallsvariable

C   eine Wahrscheinlichkeit

D   eine Prüfgröße
E   ein Lagemaß

FR - 2 - 32 - 1 (+)   Fragetyp A_1

Um die Standardabweichung des Mittelwerts von n unabhängigen identisch verteilten Zufallsvariablen zu erhalten, muß die Standardabweichung σ der ursprünglichen Verteilung multipliziert werden mit

A   n
B $\sqrt{n}$
C $1/\sqrt{n}$
D $1/n$
E $1/n^2$

MS - 2 - 32 - 2 (+)   Fragetyp A_1

Die Varianz der Zufallsvariablen X sei σ_X^2 und die Varianz der Zufallsvariablen Y sei σ_Y^2. Die Zufallsvariablen X und Y seien unabhängig.

Dann ist die Varianz der Zufallsvariablen Z = X - Y gleich

A $\sigma_X^2 - \sigma_Y^2$
B $\sigma_X^2 + \sigma_Y^2$
C $(\sigma_X^2 - \sigma_Y^2) / 2$
D $(\sigma_X^2 + \sigma_Y^2) / 2$
E $\sigma_X^2 \cdot \sigma_Y^2$

ACH - 2 - 33 - 1 (++) Fragetyp A_1

X sei eine Zufallsvariable mit einer bezüglich 0 symmetrischen Dichte f(x) und dem Quantil $x_{0.99}$ = 2.33.
Das Quantil $x_{0.01}$ ist

A $x_{0.01} = -x_{0.99} = -2.33$

B $x_{0.01} = 1 - x_{0.99} = -1.33$

C $x_{0.01} = x_{0.99} - 1 = 1.33$

D $x_{0.01} = \frac{1}{2}(1 + x_{0.99}) = 1.665$

E $x_{0.01}$ läßt sich aus den Angaben nicht bestimmen

ACH - 2 - 33 - 2 (++) Fragetyp A_1

Die Verteilungsfunktion F(x) einer Zufallsvariablen X sei tabellarisch gegeben; es seien die 90 % - Quantile und die 95 % - Quantile bekannt: $x_{0.90}$ = 4.8 und $x_{0.95}$ = 7.6.
Für die Wahrscheinlichkeit, daß die Zufallsvariable X einen Wert annimmt, der größer oder gleich 6.0 ist, gilt <u>stets</u>

A $0.90 \leq P(X \geq 6.0)$

B $0.90 \leq P(X \geq 6.0) \leq 0.95$

C $0.05 > P(X \geq 6.0)$

D $0.10 < P(X \geq 6.0)$

E $0.05 \leq P(X \geq 6.0) \leq 0.10$

MS - 2 - 33 - 3 (++) Fragetyp A_1

Eine Quantiltabelle der t-Verteilung benötigt man,

A um vor Durchführung eines der t-Tests zu gegebener Irrtumswahrscheinlichkeit den Stichprobenumfang zu bestimmen

B um nach Berechnung der Prüfgröße eines t-Tests entscheiden zu können, ob bei vorgegebener Irrtumswahrscheinlichkeit α die Nullhypothese verworfen werden muß

C um zu entscheiden, ob eine vorgegebene Teststatistik nach einer t-Verteilung verteilt ist

D um nach Berechnung der Prüfgröße eines t-Tests die kleinstmögliche Wahrscheinlichkeit für den Fehler 2. Art zu bestimmen

E um nach Berechnung der Prüfgröße eines t-Tests die kleinste Wahrscheinlichkeit für einen Fehler 1. Art zu bestimmen

FR - 2 - 35 - 1 (+) Fragetyp A_1

Setzt man voraus, daß jeweils mit der Wahrscheinlichkeit 0.5 ein Neugeborenes weiblich bzw. männlich ist, dann ist die Wahrscheinlichkeit, daß eine Familie mit 3 Kindern genau einen Jungen hat, gleich

A 1/3
B 1/4
C 1/8
D 3/8
E 1/2

MS - 2 - 36, 37 - 1 (+) Fragetyp A_2

Für die Verteilung der Anzahl der Mädchen in Familien mit 3 Kindern wählt man als Modell am besten die

A Poissonverteilung
B Binomialverteilung
C Gleichverteilung
D Lognormalverteilung
E Normalverteilung

FR - 2 - 37 - 2 (+)   Fragetyp A_1

Der Parameter λ der Poissonverteilung ist <u>stets</u>

A der Median der Verteilung

B die Anzahl der eingetretenen Ereignisse

C die Wahrscheinlichkeit für das Eintreten eines Ereignisses

D die Wahrscheinlichkeit, daß kein Ereignis eintritt

E der Erwartungswert der Verteilung

FR - 2 - 37 - 3 (+)   Fragetyp A_2

Es ist vernünftig, eine Poissonverteilung anzunehmen für die Zufallsvariable

A Körperlänge neugeborener Kinder

B Anzahl der Blutkörperchen im Zählquadrat einer Zählkammer

C Blutzuckergehalt des Menschen

D Anzahl der "geraden" Wurfergebnisse bei n-maligem Würfeln mit einem Würfel

E Verweildauer stationärer Patienten in einer Medizinischen Klinik

FR - 2 - 38 - 1 (++)   Fragetyp A_1

Zwei von 6 Eiern seien verdorben. Aus diesen 6 Eiern werden zufällig 2 Eier ausgewählt.

Die Wahrscheinlichkeit, daß davon genau 1 Ei verdorben ist, ist

A 1/3

B 2/9

C 4/9

D 4/15
E 8/15

MS - 2 - 39 - 1 (++) Fragetyp A_1

Würfelt man mit einem idealen Würfel n-mal, dann erhält man eine Folge von Zufallszahlen.

Diese Zufallszahlen bilden eine zufällige Stichprobe mit Realisationen diskret gleichverteilter Zufallsvariablen mit den möglichen Ergebnissen

A $x_i = j$ $(j = 1, 2, \ldots, n;\ i = 1, 2, \ldots, 6)$
B $x_i = j$ $(j = 1, 2, \ldots, 6;\ i = 1, 2, \ldots, n)$
C $x_i^* = j$ $(1 \leq i < j \leq 6)$
D $x_i^* = j$ $(i = j,\ i = 1, 2, \ldots, 6)$
E Diese Zufallszahlen bilden eine zufällige Stichprobe normalverteilter Zufallsvariablen

MS - 2 - 39 - 2 (++) Fragetyp C

Für (gleichverteilte) Zufallszahlen mit den möglichen Ergebnissen x_i^* gilt

$p(x_i^*) = 1/k$ $(i = 1, 2, \ldots, k)$,

denn

$p(x_i^*) = 1/k$ $(i = 1, 2, \ldots, k)$

ist die Wahrscheinlichkeitsfunktion der diskreten Gleichverteilung.

Bitte kreuzen Sie die Antwort A - E an, die nach Ihrer Meinung die beiden Feststellungen und ihre Verknüpfung richtig beurteilt:

Antwort	Feststellung 1	Feststellung 2	Verknüpfung
A	richtig	richtig	richtig
B	richtig	richtig	falsch
C	richtig	falsch	-
D	falsch	richtig	-
E	falsch	falsch	-

MS - 2 - 39 - 3 (++) Fragetyp A_1

Bei (gleichverteilten) Zufallszahlen aus der Zahlenmenge $\{0, 1, \ldots, 99\}$ ist die Wahrscheinlichkeit einer Zahl i ($i = 0, 1, \ldots, 99$) gleich

A $1/i$

B i

C $0.01 \cdot i$

D 1

E 0.01

FR - 2 - 40 - 1 (++) Fragetyp A_1

Bei einer zweivariablen Normalverteilung liegen die Punkte mit gleicher Dichte auf

A Hyperbeln

B Parallelen zur Regressionsgeraden

C Ellipsen

D Parabeln

E Keine der Aussagen A - D ist richtig

FR - 2 - 40 - 2 (++) Fragetyp A_3

Die Menge wirksamer Bestandteile vollautomatisch erstellter Tabletten folge einer Normalverteilung mit $\mu = 21$ mg und $\sigma = 1.5$ mg. Laut Vorschrift soll der Anteil wirksamer Bestandteile zwischen 18 mg und 22.5 mg liegen.

Wenn man die Einstellung des Apparates so verändert, daß $\mu = 20.25$ mg ist, ohne daß sich die Standardabweichung ändert, dann ist der Prozentsatz, der der Vorschrift nicht genügt, gegenüber dem Prozentsatz bei dem ursprünglichen Mittelwert von 21 mg

A kleiner

B größer

C gleich

D größer oder gleich

E nicht zu bestimmen

FR - 2 - 40 - 3 (++)   Fragetyp A_3

Welche der folgenden Eigenschaften trifft <u>nicht</u> notwendig zu:
Die Normalverteilung $N(\mu, \sigma^2)$

A ist symmetrisch

B ist glockenförmig

C hat den Erwartungswert 0

D ist eine stetige Verteilung

E ist eine eingipflige Verteilung

FR - 2 - 41 - 1 (+++)   Fragetyp A_2

Das 5 % - Quantil $u_{0.05}$ der Standardnormalverteilung ist ungefähr

A   1.96

B -1.96

C   1.64

D -1.64

E -1.32

FR - 2 - 41 - 2 (+++) Fragetyp A_2

Im Bereich ($\mu - 2\sigma, \mu + 2\sigma$) erwartet man bei der Normalverteilung ungefähr

A 68 %
B 74 %
C 95 %
D 98 %
E 99 %

der Daten.

ACH - 2 - 41 - 3 (+++) Fragetyp A_1

Die Zufallsvariable X werde transformiert zu der Zufallsvariablen $U = \frac{X-3}{2}$. Das 95 % - Quantil der Verteilung der Zufallsvariablen U sei $u_{0.95} = 1.645$.

Das 95 % - Quantil $x_{0.95}$ der Verteilung von X ist

A $x_{0.95} = u_{0.95} = 1.645$

B $x_{0.95} = \frac{u_{0.95} - 3}{2} = -0.6775$

C $x_{0.95} = -u_{0.95} = -1.645$

D $x_{0.95} = 2 \cdot u_{0.95} + 3 = 6.29$

E $x_{0.95} = 2 \cdot u_{0.95} - 3 = 0.29$

FR - 2 - 41 - 4 (+++) Fragetyp A_1

Sei u_α das α-Quantil der Standardnormalverteilung.
Dann ist <u>stets</u>

A $u_{1-\alpha} = 1 - u_\alpha$

B $u_{1-\alpha} = u_\alpha$
C $u_{1-\alpha} = -u_\alpha$
D $u_{1-\alpha} = u_{-\alpha}$
E Keine der Aussagen A - D ist richtig

MZ - 2 - 40, 41 - 5 (+++) Fragetyp A_1

Bei der Dichte der Normalverteilung $N(\mu, \sigma^2)$ gilt für das Intervall $[\mu-\sigma, \mu+\sigma]$:

A die Fläche unter der Kurve in diesem Intervall umfaßt etwa 2/3 der Gesamtfläche

B die Fläche unter der Kurve in diesem Intervall umfaßt etwa 1/2 der Gesamtfläche

C die Fläche unter der Kurve in diesem Intervall umfaßt etwa 9/10 der Gesamtfläche

D Mittelwert und Streuung fallen in diesem Intervall zusammen

E Keine der Aussagen A - D ist richtig

FR - 2 - 41 - 6 (+++) Fragetyp A_3

Ein Apparat stellt vollautomatisch Tabletten eines Medikaments her. Die Menge an wirksamen Bestandteilen der hergestellten Tabletten sei normalverteilt mit $\mu = 21$ mg und $\sigma = 1.5$ mg. Der Anteil wirksamer Bestandteile muß zwischen 18 und 22.5 mg liegen.

Der Anteil der hergestellten Tabletten, die dieser Forderung nicht genügen, ist ungefähr

A 4.56 %
B 15.85 %
C 18.15 %
D 31.74 %
E 81.85 %

AMST - 2 - 41 - 7 (+++) Fragetyp A_2

Beim Wiegen von mehr als 1000 neugeborenen Kindern findet man einen Mittelwert $\bar{x}$ = 3500 g und eine Standardabweichung von 200 g.

Wenn die Geburtsgewichte einer Normalverteilung folgen, ist der zu erwartende Prozentsatz der Kinder mit Geburtsgewicht zwischen 3100 g und 3900 g ungefähr

A   5 %
B   9 %
C   91 %
D   95 %
E   98 %

AMST - 2 - 41 - 8 (+++) Fragetyp A_2

Bei der Untersuchung einer sehr großen Anzahl Frauen zwischen 30 und 40 Jahren stellte sich heraus, daß zwei Stunden nach Verabreichen einer gewissen Dosis eines Chemotherapeuticums die mittlere Konzentration dieses Stoffes im Plasma 150 g/ml beträgt. Die Standardabweichung der Konzentration ist 20 g, während die Verteilung der Konzentration eine Normalverteilung zu sein scheint. Eine Untersuchung ergibt, daß der Gehalt des Plasmas in diesem Stoff mindestens 115 g betragen muß, um eine zufriedenstellende Wirkung zu erzielen.

Der Prozentsatz der Frauen dieser Altersgruppe, bei dem auf Grund dieser Angaben eine zufriedenstellende Wirkung eintreten wird, ist ungefähr

A   4 %
B   8 %
C   92 %
D   96 %
E   99.9 %

AMST - 2 - 41 - 9 (+++) Fragetyp A_2

Die Höhe des systolischen Blutdrucks in einer Bevölkerung sei normalverteilt mit Erwartungswert 125 mm Hg und Standardabweichung 10 mm Hg.

Der Anteil der Bevölkerung, bei dem der Blutdruck niedriger als 105 mm Hg oder höher als 140 mm Hg ist, ist ungefähr

A 91 %
B 1 %
C 89 %
D 11 %
E 9 %

AMST - 2 - 41 - 10 (+++) Fragetyp A_2

Die Höhe des systolischen Blutdrucks in einer Bevölkerung sei normalverteilt mit Erwartungswert 125 mm Hg und Standardabweichung 10 mm Hg.

Die Wahrscheinlichkeit, daß eine zufällig aus dieser Population ausgewählte Person einen Blutdruck hat, der höher als 120 mm Hg ist, ist ungefähr

A 0.31
B 0.38
C 0.62
D 0.69
E 0.75

FR - 2 - 41 - 11 (+++)   Fragetyp A_2

In einer Bevölkerung sei die Höhe des systolischen Blutdrucks normalverteilt mit Erwartungswert 125 mm Hg und Standardabweichung 10 mm Hg.

Der Anteil der Bevölkerung mit einem Blutdruck, der niedriger als 105 mm Hg oder höher als 135 mm Hg ist, ist ungefähr

A   9 %

B   18 %

C   33 %

D   50 %

E   82 %

MS - 2 - 42 - 1 (++)   Fragetyp A_3

Welche der folgenden Zufallsvariablen folgt <u>keiner</u> Normalverteilung, wenn X selbst normalverteilt und a eine reelle positive Zahl ist?

A $X - a$

B X/σ

C $a \cdot X$

D $(X - a)/\sigma$

E $|X|$

FR - 2 - 44 - 1 (++)   Fragetyp A_1

Die relative Häufigkeit des Eintretens eines Ereignisses A in n unabhängigen Versuchen strebt mit wachsendem n (nach Wahrscheinlichkeit) gegen den festen Wert $p = P(A)$.

Dies folgt aus

A   dem Additionssatz für Wahrscheinlichkeiten

B   der Definition der bedingten Wahrscheinlichkeit

C dem (schwachen) Gesetz der großen Zahlen
D dem Zentralen Grenzwertsatz
E dem Grenzverhalten der Binomialverteilung

FR - 2 - 45 - 1 (+)   Fragetyp A_1

Die Aussage des Zentralen Grenzwertsatzes bedeutet:
Für hinreichend großes n wird der mit $\sqrt{n}$ multiplizierte Mittelwert aus n unabhängigen identisch verteilten Zufallsvariablen bei jeder Verteilung mit Erwartungswert 0 und endlicher Standardabweichung

A ungefähr gleich dem Erwartungswert sein

B eine von Null verschiedene Konstante sein

C annähernd einer Gleichverteilung folgen

D annähernd einer Normalverteilung folgen

E annähernd einer Binomialverteilung folgen

Kapitel 3
Grundgesamtheit und Stichproben, Versuchsplanung

MS - 3 - 46 - 1 (++) Fragetyp D

Welche der folgenden Größen sind Parameter der Grundgesamtheit, welche sind Kenngrößen der Stichprobe?

1 Varianz σ^2
2 empirische Varianz S^2
3 Standardabweichung σ
4 Median $\tilde{\mu}$
5 Erwartungswert μ
6 Quantil x_α

Wählen Sie bitte unter den folgenden Aussagekombinationen diejenige, die Sie für zutreffend halten.

Kenngröße(n) der Stichprobe ist (sind) nur

A S^2
B σ^2, S^2 und σ
C σ^2 und x_α
D σ^2, $\tilde{\mu}$, μ und x_α
E σ

MS - 3 - 46 - 2 (++) Fragetyp C

Parameter der Grundgesamtheit werden mit Hilfe von Schätzfunktionen geschätzt,

denn

sie lassen sich aus einer zufälligen Stichprobe im allgemeinen nicht berechnen.

Bitte kreuzen Sie die Antwort A - E an, die nach Ihrer Meinung die beiden Feststellungen und ihre Verknüpfung richtig beurteilt:

Antwort	Feststellung 1	Feststellung 2	Verknüpfung
A	richtig	richtig	richtig
B	richtig	richtig	falsch

C	richtig	falsch	-
D	falsch	richtig	-
E	falsch	falsch	-

MS - 3 - 47 - 1 (+++)   Fragetyp A_1

Wird auf Daten, die in einem Laborexperiment gewonnen wurden, ein statistisches Verfahren angewandt, dann ist es notwendig, daß die Daten

A   klassiert sind

B   als Rangliste vorliegen

C   statistisch gesichert sind

D   aufgrund eines im Prinzip beliebig oft unter gleichen Umständen wiederholbaren Experiments gewonnen wurden.

E   frei von zufälligen Fehlern sind

MS - 3 - 47 - 2 (+++)   Fragetyp C

Daten, auf die ein statistisches Verfahren angewandt werden soll, müssen Ergebnis eines im Prinzip beliebig oft wiederholbaren Experiments bzw. einer Erhebung sein,

<u>denn</u>

bei Ergebnissen eines einmaligen, unwiederholbaren Experiments sind statistische Aussagen sinnlos.

Bitte kreuzen Sie die Antwort A - E an, die nach Ihrer Meinung die beiden Feststellungen und ihre Verknüpfung richtig beurteilt:

Antwort	Feststellung 1	Feststellung 2	Verknüpfung
A	richtig	richtig	richtig
B	richtig	richtig	falsch
C	richtig	falsch	-
D	falsch	richtig	-
E	falsch	falsch	-

MS - 3 - 48 - 1 (+++) Fragetyp C

Werden bei einem therapeutischen Versuch nur schwere Fälle einer Krankheit berücksichtigt, dann lassen sich die Ergebnisse trotzdem auf die Grundgesamtheit aller Patienten mit dieser Krankheit verallgemeinern,

denn

durch Selektion der schweren Fälle wird der Versuchsfehler meist reduziert.

Bitte kreuzen Sie die Antwort A - E an, die nach Ihrer Meinung die beiden Feststellungen und ihre Verknüpfung richtig beurteilt:

Antwort	Feststellung 1	Feststellung 2	Verknüpfung
A	richtig	richtig	richtig
B	richtig	richtig	falsch
C	richtig	falsch	-
D	falsch	richtig	-
E	falsch	falsch	-

MS - 3 - 48 - 2 (+++) Fragetyp C

Die Selektion bewirkt eine Reduktion des systematischen Fehlers,

denn

durch die Selektion wird die Grundgesamtheit, über die man durch den Versuch Aussagen machen kann, eingeschränkt.

Bitte kreuzen Sie die Antwort A - E an, die nach Ihrer Meinung die beiden Feststellungen und ihre Verknüpfung richtig beurteilt:

Antwort	Feststellung 1	Feststellung 2	Verknüpfung
A	richtig	richtig	richtig
B	richtig	richtig	falsch
C	richtig	falsch	-
D	falsch	richtig	-
E	falsch	falsch	-

MS - 3 - 48 - 3 (+++)   Fragetyp A_1

In der Versuchsplanung versteht man unter Selektion die Auswahl

A   der auszuwertenden Daten aus den gemessenen Rohdaten

B   der auszuwertenden Zielgrößen

C   der Einflußgrößen, die im Modell erfaßt werden sollen

D   der Beobachtungseinheiten nach bestimmten, im Versuchsplan festgelegten Gesichtspunkten

E   des besten Versuchsplanes aus mehreren möglichen

FR - 3 - 49 - 1 (+++)   Fragetyp A_2

Durch eine Umfrage soll die Meinung der Gesamtbevölkerung einer Stadt festgestellt werden.

Welche Auswahl von Personen ist am wenigsten mit einem systematischen Fehler behaftet?

A   Es wird jeder 3. Straßenpassant befragt

B   Es wird jeder 5. Abonnent aus der Kartei einer Tageszeitung angeschrieben

C   Es werden alle Angestellten angeschrieben

D   Es werden alle Einwohner angeschrieben, deren Geburtstag auf den 5. Juli fällt

E   Es werden alle Bewohner der nächstgelegenen Straße befragt

MS - 3 - 49 - 2 (+++) Fragetyp A_1

Bei einem Versuch, der statistisch ausgewertet werden soll, wird der zufällige Fehler stets vermieden, wenn

A   alle Einflußgrößen erfaßt werden

B   die Irrtumswahrscheinlichkeit entsprechend gewählt wird

C   ein Vorversuch durchgeführt wird

D   der Versuch als Doppelblindversuch durchgeführt wird

E   Keine der Aussagen A - D ist richtig

MS - 3 - 49 - 3 (+++) Fragetyp D

Welche der folgenden Methoden sind Methoden zur Vermeidung des systematischen Fehlers?

1   Ziehen einer zufälligen Stichprobe
2   Wahl des richtigen Modells
3   Vergrößerung des Stichprobenumfangs
4   Blockbildung
5   Randomisierung
6   Blindversuch

Wählen Sie bitte unter den folgenden Aussagekombinationen diejenige, die Sie für zutreffend halten.

Methoden zur Vermeidung des systematischen Fehlers sind nur

A   1, 2, 5 und 6

B   2 und 4

C   2, 4, 5 und 6

D   1, 2, 4, 5 und 6

E   1, 2, 3 und 6

MS - 3 - 50 - 1 (+) Fragetyp A_1

Der Meßfehler ist stets angenähert normalverteilt,

A   wenn er sich als Summe aus vielen unabhängigen Zufallsvariablen mit positiver Varianz zusammensetzt, deren Einfluß jeweils für sich genommen sehr klein ist

B wenn man weiß, daß er stets von Null verschieden ist

C wenn er stets positiv ist

D wenn die Meßwerte Realisationen von lognormalverteilten Zufallsvariablen sind

E Keine der Aussagen A - D ist richtig

MS - 3 - 51 - 1 (+++) Fragetyp A_1

Die intraindividuelle Variabilität besagt, daß

A Messungen derselben Zielgröße an verschiedenen Personen unter gleichen Bedingungen verschiedene Ergebnisse liefern können

B von verschiedenen Personen durchgeführte Messungen derselben Zielgröße verschiedene Ergebnisse liefern können

C wiederholte Messungen derselben Zielgröße an derselben Person unter gleichen Bedingungen verschiedene Ergebnisse liefern können

D von einer Person unter verschiedenen Bedingungen durchgeführte Messungen derselben Zielgröße verschiedene Ergebnisse liefern können

E unter Umständen an derselben Person unter gleichen Bedingungen dieselbe Zielgröße mit verschiedenen Methoden gemessen werden muß

MS - 3 - 51 - 2 (+++) Fragetyp C

Der Einfluß der intraindividuellen Variabilität auf den Versuchsfehler kann nicht ausgeschaltet werden,

denn

selbst wenn die Messung einer Zielgröße bei einer Versuchsperson immer unter "gleichen" Bedingungen wiederholt wird, können die Ergebnisse unterschiedlich sein.

Bitte kreuzen Sie die Antwort A - E an, die nach Ihrer Meinung die beiden Feststellungen und ihre Verknüpfung richtig beurteilt:

Antwort	Feststellung 1	Feststellung 2	Verknüpfung
A	richtig	richtig	richtig
B	richtig	richtig	falsch
C	richtig	falsch	-
D	falsch	richtig	-
E	falsch	falsch	-

MS - 3 - 49/51 - 3 (+++) Fragetyp D

Im allgemeinen setzt sich der Versuchsfehler zusammen aus einem systematischen Fehler und aus einem zufälligen Fehler.

Die interindividuelle Variabilität beeinflußt

1 den zufälligen Fehler
2 den systematischen Fehler
3 die Grundgesamtheit
4 den Versuchsfehler

Wählen Sie bitte unter den folgenden Aussagenkombinationen diejenige, die Sie für zutreffend halten.

Die interindividuelle Variabilität beeinflußt stets

A 2

B 1 und 3

C 1 und 4

D 2, 3 und 4

E 1, 2 und 3

MS - 3 - 52 - 1 (+) Fragetyp A_1

Um den Erfolg einer antihypertensiven Therapie zu bestimmen, wurden Patienten, die mit dieser Therapie behandelt wurden, befragt, ob sie sich nach der Behandlung besser fühlen als vorher. Dazu sollen sie durch Ankreuzen einer der Zahlen von 0 (keine Besserung) bis 5 (keine Beschwerden mehr) ihren persönlichen Eindruck wiedergeben.

Diese Methode, den Erfolg einer Therapie zu messen, ist

A   effektiv, denn das Ergebnis läßt sich zahlenmäßig ausdrücken

B   effektiv, denn sie gibt den tatsächlichen Eindruck des Patienten wieder

C   effektiv, denn durch die Verschlüsselung lassen sich die Angaben der Patienten gut vergleichen

D   effektiv, denn durch die Verschlüsselung lassen sich die Angaben der Patienten auf einer Datenverarbeitungsanlage auswerten

E   nicht effektiv, denn es wird nur der persönliche Eindruck der Patienten berücksichtigt

MS - 3 - 53 - 1 (+++) Fragetyp A_1

Es soll die Wirksamkeit von zwei Beruhigungsmitteln verglichen werden. Dazu nehmen je n Personen ein Mittel über einen bestimmten Zeitraum. Bei der statistischen Auswertung der Ergebnisse stellt sich heraus, daß das Durchschnittsalter der einen Gruppe um 15 Jahre über dem Durchschnittsalter der anderen Gruppe liegt.

Die Daten können trotzdem statistisch ausgewertet werden,

A da in beiden Gruppen die gleichen Zielgrößen gemessen worden sind
B da sich der Altersunterschied erst nach Abschluß des Versuches herausgestellt hat
C da der Einfluß des Alters auf die Wirksamkeit der Präparate nicht untersucht werden sollte
D da das Alter in dem Versuch nicht als Faktor behandelt worden ist
E Der statistische Vergleich der Daten liefert keine brauchbaren Ergebnisse, da die untersuchten Personengruppen hinsichtlich des Merkmals "Alter" strukturell verschieden sind

MS - 3 - 53 - 2 (+++) Fragetyp C

Die Therapieerfolge zweier Operationsmethoden bei Mammacarcinom sollen miteinander verglichen werden. Der Therapieerfolg wird als Überlebensdauer definiert.

Wird bei strukturungleichen Gruppen ein Unterschied zwischen den Therapieerfolgen nachgewiesen, dann weiß man nicht, ob dieser Unterschied durch die Operationsmethoden bedingt ist, denn

der nachgewiesene Unterschied könnte auch durch den unterschiedlichen Einfluß anderer Einflußgrößen bedingt sein.

Bitte kreuzen Sie die Antwort A - E an, die nach Ihrer Meinung die beiden Feststellungen und ihre Verknüpfung richtig beurteilt:

Antwort	Feststellung 1	Feststellung 2	Verknüpfung
A	richtig	richtig	richtig
B	richtig	richtig	falsch
C	richtig	falsch	-
D	falsch	richtig	-
E	falsch	falsch	-

MS - 3 - 54 - 1 (+++) Fragetyp A_1

Bei vielen statistischen Untersuchungen ist es erforderlich, daß die Beobachtungseinheiten den Faktorstufen zufällig zugeteilt werden.

Dies geschieht,

A indem man dafür sorgt, daß die Anzahl der Beobachtungseinheiten ein Vielfaches der Anzahl der Faktorstufen ist

B indem man eine am Versuch nicht beteiligte Person die Zuteilung durchführen läßt

C indem man die Anzahl der Beobachtungseinheiten pro Faktorstufe vor Beginn des Versuches festlegt

D indem man die Faktorstufen im Versuchsmodell als Zufallsvariable behandelt

E Keine der Aussagen A - D ist richtig

MS - 3 - 54 - 2 (+++) Fragetyp A_1

Es sollen die Nebenwirkungen verschiedener Ovulationshemmer in Abhängigkeit vom Alter der Frau untersucht werden. Dazu werden die Frauen einer Großstadt gebeten, sich für eine Untersuchung zur Verfügung zu stellen. Aus der Menge der Frauen, die sich bereit erklärt haben, wird eine zufällige Stichprobe gezogen.

Um die Untersuchung sachgemäß durchzuführen, ist es unter anderem erforderlich,

A daß die Versuchspersonen das Präparat, das sie nehmen sollen, selber auswählen dürfen, um psychische Abwehrreaktionen zu vermeiden

B daß jedes Präparat von allen Versuchspersonen genommen wird

C daß für jede Versuchsperson ausgelost wird, welches Präparat sie nehmen soll

D daß den Versuchspersonen der Zweck der Untersuchung bekannt ist

E Keine der Aussagen A - D ist richtig

MS - 3 - 55 - 1 (++)　　　　　　　　　　　　　　　　　　Fragetyp A_2

Der Einfluß verschiedener Operationsmethoden auf die Zielgröße "Überlebensdauer" soll untersucht werden. Bei der Erstellung des Versuchsplanes werden die Patienten (Beobachtungseinheiten) in Blöcken zusammengefaßt.

Diese Zusammenfassung in Blöcke ist zweckmäßig, weil

A der systematische Fehler reduziert wird,

B der Versuchsablauf übersichtlicher wird

C der zufällige Fehler reduziert wird

D dann die Operationsmethode kein Faktor sein muß

E dadurch der Einfluß im Modell nicht erfaßter Störgrößen auf die Zielgröße ausgeschaltet wird

MS - 3 - 56 - 1 (++)　　　　　　　　　　　　　　　　　　Fragetyp C

Beim Doppelblindversuch wird der Einfluß im Modell nicht erfaßter Einflußgrößen auf den systematischen Fehler ausgeschaltet,

<u>denn</u>

es kennt weder der Arzt die Patienten noch kennen die Patienten den Arzt.

Bitte kreuzen Sie die Antwort A - D an, die nach Ihrer Meinung die beiden Feststellungen und ihre Verknüpfung richtig beurteilt:

Antwort	Feststellung 1	Feststellung 2	Verknüpfung
A	richtig	richtig	richtig
B	richtig	richtig	falsch
C	richtig	falsch	-
D	falsch	richtig	-
E	falsch	falsch	-

MS - 3 - 56 - 2 (++)　　　　　　　　　　　　　　　　　　Fragetyp D

Die Wirkungen zweier Medikamente sollen verglichen werden. Dazu wird ein Doppelblindversuch durchgeführt, um

1 Beobachtungsgleichheit zu erreichen
2 Strukturgleichheit zu erreichen
3 den zufälligen Fehler zu reduzieren
4 Einflußgrößen als Faktoren im Modell zu berücksichtigen
5 systematische Fehler zu vermeiden
6 den Einfluß von Störgrößen möglichst gering zu halten

Wählen Sie bitte unter den folgenden Aussagekombinationen diejenige, die Sie für richtig halten.

Gründe für die Durchführung eines Doppelblindversuchs sind:

A 1, 3 und 6   D 1, 2 und 5
B 3, 4 und 6   E alle 6.
C 4, 5 und 6

MS - 3 - 48, 57 - 1 (+++)   Fragetyp C

Will man gleichzeitig den Einfluß mehrerer Einflußgrößen auf eine Zielgröße untersuchen, dann benutzt man einen faktoriellen Versuchsplan,

<u>denn</u>

durch die Faktorbildung schließt man die undefinierte Selektion aus.

Bitte kreuzen Sie die Antwort A - E an, die nach Ihrer Meinung die beiden Feststellungen und ihre Verknüpfung richtig beurteilt:

Antwort	Feststellung 1	Feststellung 2	Verknüpfung
A	richtig	richtig	richtig
B	richtig	richtig	falsch
C	richtig	falsch	-
D	falsch	richtig	-
E	falsch	falsch	-

MS - 3 - 58 - 1 (++)　　　　　　　　　　　　　Fragetyp C

Nach Durchsicht der Krankenblätter des Archivs einer Frauenklinik hat man festgestellt, daß eine Valium-Therapie während der Schwangerschaft zu Komplikationen für das Neugeborene führen könnte.

Bei dieser Untersuchung handelt es sich um eine retrospektive Erhebung,

denn

es werden nur die Fälle einer einzigen Klinik untersucht.

Bitte kreuzen Sie die Antwort A - E an, die nach Ihrer Meinung die beiden Feststellungen und ihre Verknüpfung richtig beurteilt:

Antwort	Feststellung 1	Feststellung 2	Verknüpfung
A	richtig	richtig	richtig
B	richtig	richtig	falsch
C	richtig	falsch	-
D	falsch	richtig	-
E	falsch	falsch	-

MS - 3 - 59 - 1 (++)　　　　　　　　　　　　　Fragetyp C

Bei statistischen Erhebungen unterscheidet man zwischen Querschnittserhebung und Längsschnittserhebung.
Die Querschnittserhebung ist <u>stets</u> der Längsschnittserhebung vorzuziehen,

denn

eine Längsschnittserhebung erstreckt sich meist über einen längeren Zeitraum.

Bitte kreuzen Sie die Antwort A - E an, die nach Ihrer Meinung die beiden Feststellungen und ihre Verknüpfung richtig beurteilt:

Antwort	Feststellung 1	Feststellung 2	Verknüpfung
A	richtig	richtig	richtig
B	richtig	richtig	falsch
C	richtig	falsch	-

D	falsch	richtig	-
E	falsch	falsch	-

MS - 3 - 59 - 2 (++) Fragetyp A_2

Es soll der Einfluß der Dauerdialyse auf das Körpergewicht bei Hunden abhängig von der Dialysedauer untersucht werden.

Planen Sie

A eine Querschnittserhebung

B eine Längsschnittserhebung

C einen Blindversuch

D einen Doppelblindversuch

E ein Experiment

MS - 3 - 61 - 1 (++) Fragetyp A_1

Beim Gesundheitsamt einer Stadt waren am 1. März 17 Personen mit einer bestimmten, meldepflichtigen Krankheit registriert. Am 31. März waren es 19 Personen, zwei Personen waren inzwischen verzogen, eine Person war geheilt, 5 Personen waren neu gemeldet.

Nach diesen Angaben ist die Inzidenz dieser Krankheit in dieser Stadt im Monat März

A 5/17

B 5/19

C 4/17

D 4/19

E Die obigen Angaben reichen nicht aus, um die Inzidenz zu berechnen.

MS - 3 - 61 - 2 (++) Fragetyp C

Kennt man für einen festgelegten Bezugszeitraum und für eine bestimmte Personengruppe die Inzidenz einer Krankheit, dann kann man ohne weitere Voraussetzungen auch die entsprechende Prävalenz berechnen,

denn

unter gewissen Voraussetzungen gilt

Prävalenz = Inzidenz · mittlere Krankheitsdauer.

Bitte kreuzen Sie die Antwort A - E an, die nach Ihrer Meinung die beiden Feststellungen und ihre Verknüpfung richtig beurteilt:

Antwort	Feststellung 1	Feststellung 2	Verknüpfung
A	richtig	richtig	richtig
B	richtig	richtig	falsch
C	richtig	falsch	-
D	falsch	richtig	-
E	falsch	falsch	-

AMST - 3 - 63 - 1 (++) Fragetyp A_1

Gegeben sei eine zufällige Stichprobe vom Umfang 95 mit dem Mittelwert $\bar{x}$.

Dann gilt stets:

A Der Erwartungswert ist gleich $\bar{x}$

B Der Erwartungswert ist mit Wahrscheinlichkeit 0.05 größer als $\bar{x}$

C Der Erwartungswert ist mit Wahrscheinlichkeit 0.05 kleiner als $\bar{x}$

D Der Erwartungswert liegt im Intervall $(\bar{x} - 95, \bar{x} + 95)$

E Keine der Aussagen A - D ist richtig

MS - 3 - 63 - 2 (++) Fragetyp A_1

Eine Schätzfunktion dient zum Schätzen eines Parameters einer Verteilung.

Dabei gilt:

A Zur Berechnung des Parameters muß eine zufällige Stichprobe gezogen werden

B Während der Parameter eine Zufallsvariable ist, deren Realisation von Versuch zu Versuch schwanken kann, ist die Verteilung der Schätzfunktion bekannt

C Die Verwendung einer Schätzfunktion setzt die Kenntnis der Verteilung des Parameters voraus

D Während der Parameter eine feste, aber unbekannte Zahl ist, ist die Schätzfunktion eine Zufallsvariable, deren Verteilung unbekannt sein kann

E Da jede Schätzfunktion eine Zufallsvariable ist, muß zu jeder Schätzfunktion deren Verteilung bekannt sein

MS - 3 - 64 - 1 (+) Fragetyp C

Die Erwartungstreue ist eine wünschenswerte Eigenschaft einer Schätzfunktion,

denn

der Erwartungswert einer erwartungstreuen Schätzfunktion ist bei jedem Stichprobenumfang gleich dem Parameter.

Bitte kreuzen Sie die Antwort A - E an, die nach Ihrer Meinung die beiden Feststellungen und ihre Verknüpfung richtig beurteilt:

Antwort	Feststellung 1	Feststellung 2	Verknüpfung
A	richtig	richtig	richtig
B	richtig	richtig	falsch
C	richtig	falsch	-
D	falsch	richtig	-
E	falsch	falsch	-

FR - 3 - 64 - 2 (+) Fragetyp A_1

Die Schätzfunktion $\overline{X} + \frac{10}{n}$ für den Erwartungswert

A ist konsistent, aber nicht erwartungstreu

B ist erwartungstreu, aber nicht konsistent

C hat minimale Varianz und ist erwartungstreu

D ist konsistent und erwartungstreu

E Keine der Aussagen A - D ist richtig

MS - 3 - 64 - 3 (+) Fragetyp A_1

Die Varianz σ^2 einer Grundgesamtheit wird mit Hilfe der Schätzfunktion

$$S^2 = \frac{1}{n-1} \cdot \sum_{i=1}^{n} (X_i - \overline{X})^2$$

aus der zufälligen Stichprobe $(x_1, x_2, \ldots, x_n)$ geschätzt. Diese Schätzfunktion ist

A erwartungstreu

B nicht erwartungstreu

C nur für große n $(n \geq 100)$ erwartungstreu

D höchstens dann erwartungstreu, wenn $S \neq \overline{X}$ gilt

E jedenfalls dann nicht erwartungstreu, wenn die Zufallsvariablen X_i (i=1, 2, ..., n) nicht normalverteilt sind

MS - 3 - 64 - 4 (+) Fragetyp A_1

Den Erwartungswert schätzt man mit Hilfe der Schätzfunktion
$\overline{X} = \frac{1}{n} \cdot \sum_{i=1}^{n} X_i$ aus der zufälligen Stichprobe $(x_1, x_2, \ldots, x_n)$.

Diese Schätzfunktion ist

A stets

B nur für eine bestimmte Klasse von Verteilungsfunktionen

C   nur für die Normal- und Gleichverteilung

D   nur, wenn die Stichprobenvarianz von 0 verschieden ist

E   nie

erwartungstreu

MS - 3 - 64 - 5 (+) Fragetyp A_1

Die Varianz $\sigma^2 > 0$ einer Zufallsvariablen werde mit Hilfe der Schätzfunktion $T_n = \frac{1}{n} \cdot \sum_{i=1}^{n} (X_i - \overline{X})^2$ aus der Stichprobe $(x_1, x_2, \ldots, x_n)$ geschätzt. Diese Schätzfunktion ist

A   stets erwartungstreu

B   nie erwartungstreu

C   nur dann erwartungstreu, wenn $x_1 = x_2 = \ldots = x_n$ ist

D   nur dann erwartungstreu, wenn nicht alle x_i gleich sind

E   Eine allgemeine Aussage ist nicht möglich

MS - 3 - 64 - 6 (+) Fragetyp A_1

Die Summe der Abweichungsquadrate der identisch verteilten Zufallsvariablen $X_1, X_2, \ldots, X_n$ von ihrem Erwartungswert ist eine erwartungstreue Schätzfunktion für ihre Varianz, wenn sie

A   mit n - 1 multipliziert wird

B   durch n - 1 dividiert wird

C   durch $\sqrt{n}$ dividiert wird

D   mit n multipliziert wird

E   durch n dividiert wird

MS - 3 - 65 - 1 (+++) Fragetyp A_1

Die Vermutung, ein Medikament A sei besser als ein Medikament B soll durch den Vorzeichen-Test geprüft werden.

Dazu formuliert man im Test diese Vermutung zweckmäßig als

A Nullhypothese H_0

B Alternativhypothese H_1

C Es ist gleichgültig, ob man die Vermutung als Nullhypothese oder als Alternativhypothese formuliert

D Es hängt von den Folgen einer Fehlentscheidung ab, ob die Vermutung als Nullhypothese oder als Alternativhypothese formuliert werden muß

E Es hängt vom Stichprobenumfang ab, ob man die Vermutung als Nullhypothese oder als Alternativhypothese formuliert

MS - 3 - 65 - 2 (+++) Fragetyp C

Bei jedem statistischen Test müssen sich Nullhypothese und Alternativhypothese ausschließen,

denn

ein statistischer Test soll eine Vermutung bestätigen, die man als Alternativhypothese formuliert hat.

Bitte kreuzen Sie die Antwort A - E an, die nach Ihrer Meinung die beiden Feststellungen und ihre Verknüpfung richtig beurteilt:

Antwort	Feststellung 1	Feststellung 2	Verknüpfung
A	richtig	richtig	richtig
B	richtig	richtig	falsch
C	richtig	falsch	-
D	falsch	richtig	-
E	falsch	falsch	-

MS - 3 - 66 - 1 (+++) Fragetyp A_1

Beim Test einer Nullhypothese H_0 gegen eine Alternativhypothese H_1 bedeutet eine Wahrscheinlichkeit $a = 0.05$ für den Fehler 1. Art:

Die Wahrscheinlichkeit dafür, daß man

A H_1 nicht ablehnt, wenn H_1 richtig ist

B H_0 nicht ablehnt, wenn H_0 richtig ist

C H_0 nicht ablehnt, obwohl H_1 richtig ist

D H_0 ablehnt, obwohl H_0 richtig ist

E H_1 ablehnt, wenn H_0 richtig ist

ist höchstens 0.05

MS - 3 - 66 - 2 (+++) Fragetyp A_1

Ein nicht-signifikantes Testergebnis bei einem Test auf Gleichheit zweier Erwartungswerte bedeutet:

A Es besteht in Wirklichkeit kein Unterschied zwischen den Erwartungswerten

B es besteht kein Widerspruch zur Annahme gleicher Erwartungswerte

C die Gleichheit der beiden Erwartungswerte ist signifikant

D die Gleichheit der beiden Erwartungswerte ist nicht signifikant

E es besteht in Wirklichkeit ein Unterschied zwischen den Erwartungswerten

FR - 3 - 65, 66 - 3 (+++)　　　　　　　　　　　Fragetyp A_1

Ein statistischer Test dient

A　zur Ermittlung des Betrages einer Differenz

B　zum Prüfen einer bestimmten Hypothese

C　zum Schätzen eines Parameters

D　zur Berechnung der Wahrscheinlichkeit einer Hypothese aufgrund von Beobachtungen

E　zur Ermittlung des Stichprobenraumes

FR - 3 - 66 - 4 (+++)　　　　　　　　　　　Fragetyp A_1

Es werde die Nullhypothese H_0: $\mu = 1$ geprüft. Es sei $\sigma_{\overline{X}} = 2$, beobachtet werde $\overline{x} = 5$.

Wenn mit dem GAUSS-Test zweiseitig geprüft wird, gilt

A　H_0 wird verworfen, wenn $\alpha = 0.001$ gewählt wurde

B　H_0 wird verworfen, wenn $\alpha = 0.01$ gewählt wurde

C　H_0 wird verworfen, wenn $\alpha = 0.05$ gewählt wurde

D　H_0 wird nicht verworfen, wenn $\alpha = 0.10$ gewählt wurde

E　H_0 wird nicht verworfen, wenn $\alpha = 0.20$ gewählt wurde

MZ - 3 - 66 - 5 (+++)　　　　　　　　　　　Fragetyp A_1

Ein Test dient

A　zur statistischen Absicherung einer vorher getroffenen Entscheidung

B　zur Bestimmung der Irrtumswahrscheinlichkeit

C　zur Berechnung des Mittelwerts

D　zur Berechnung des Mittelwerts der Fehlerwahrscheinlichkeiten

E　Keine der Aussagen A - D ist richtig

AMST - 3 - 66 - 6 (+++) Fragetyp A_1

Wenn man bei einem Test die Nullhypothese H_0 nicht verwerfen kann und wenn H_0 tatsächlich richtig ist, dann begeht man

A einen Fehler 1. Art

B einen Fehler 2. Art

C keinen Fehler

D Allgemein läßt sich das nicht sagen, da die Art des Fehlers noch davon abhängt, ob man einen parametrischen oder einen nicht-parametrischen Test gemacht hat

E Welcher Art der Fehler ist, läßt sich nicht sagen, denn andernfalls könnte man den Fehler vermeiden

MZ - 3 - 66 - 7 (+++) Fragetyp A_1

Vor einem Test der Nullhypothese H_0 gegen die Alternativhypothese H_1 besteht stets folgender Zusammenhang zwischen der Wahrscheinlichkeit α für den Fehler 1. Art und der Wahrscheinlichkeit β für den Fehler 2. Art:

A α und β sind proportional

B α und β sind umgekehrt proportional

C Es ist stets $\alpha = \beta$

D β hängt nicht von α ab

E Keine der Aussagen A - D ist immer richtig

MZ - 3 - 66 - 8 (+++) Fragetyp A_1

Ein Test dient

A zur Berechnung statistischer Abhängigkeiten

B zur Formulierung wissenschaftlicher Hypothesen

C zur Bestimmung des nötigen Stichprobenumfangs

D zum Prüfen einer statistischen Hypothese

E zum Schätzen von Fehlerwahrscheinlichkeiten

MS - 3 - 66 - 9 (+++) Fragetyp A_1

Wenn man bei einem Test die Nullhypothese verwirft und die Alternativhypothese tatsächlich richtig ist, dann begeht man

A   einen Fehler 1. Art
B   einen Fehler 2. Art
C   keinen Fehler
D   sowohl einen Fehler 1. Art als auch einen Fehler 2. Art
E   Eine derartige Aussage ist nicht möglich

MS - 3 - 66 - 10 (+++) Fragetyp A_1

Es werden Hypothesen über die beiden Erwartungswerte μ_1 und μ_2 aufgestellt:

$$\left\{ \begin{array}{l} H_0: \ \mu_1 \leq \mu_2 \\ H_1: \ \mu_1 > \mu_2 \end{array} \right\}.$$

Der Test ist

A   einseitig
B   zweiseitig
C   mehrseitig
D   nur im Falle der Normalverteilung zweiseitig
D   Keine der Aussagen A - D ist richtig

AMST - 3 - 66 - 11 (+++) Fragetyp A_1

Unter dem Fehler 1. Art versteht man bei einer klinisch-wissenschaftlichen Untersuchung:

A   das Verwerfen einer richtigen Nullhypothese
B   das Verwerfen einer richtigen Alternativhypothese
C   eine falsche Formulierung der Alternativhypothese

D etwas als statistisch signifikant zu bezeichnen, was in der Praxis von Bedeutung ist

E etwas als statistisch nicht signifikant zu bezeichnen, was in der Praxis von großer Bedeutung ist

AMST - 3 - 66 - 12 (+++) Fragetyp A_1

Bei der Durchführung eines Tests macht man einen Fehler 2. Art, wenn

A die Nullhypothese richtig ist und verworfen wird

B die Alternativhypothese richtig ist und die Nullhypothese verworfen wird

C die Nullhypothese richtig ist und nicht verworfen wird

D die Nullhypothese nicht verworfen wird, obwohl die Alternativhypothese richtig ist

E die Alternativhypothese nicht verworfen wird, obwohl die Nullhypothese richtig ist

MS - 3 - 67 - 1 (++) Fragetyp D

Welche der folgenden Informationen benötigt man vor einem statistischen Test nach der Festlegung der Wahrscheinlichkeit des Fehlers 1. Art zur Berechnung der Wahrscheinlichkeit des Fehlers 2. Art?

1 Verteilung der Teststatistik unter der Nullhypothese
2 Verteilung der Teststatistik unter der Alternativhypothese
3 Verteilung der Nullhypothese
4 Verteilung der Zufallsvariablen, deren Realisationen gezogen werden

Wählen Sie bitte unter den folgenden Aussagekombinationen diejenige, die Sie für zutreffend halten.

Notwendig für die Berechnung der Wahrscheinlichkeit des Fehlers 2. Art sind

A nur 1 und 2   D nur 1, 2 und 3
B nur 3 und 4   E nur 1, 2 und 4
C alle 4

FR - 3 - 68 - 1 (++)   Fragetyp A_1

Das Konfidenzintervall für μ zur Konfidenzwahrscheinlichkeit 0.95 ist ein Bereich, der

A   mit der Irrtumswahrscheinlichkeit $a = 0.05$ den Parameter μ enthält

B   bei allen zukünftigen Untersuchungen den Parameter μ mit der Irrtumswahrscheinlichkeit $a = 0.05$ enthält

C   jede spätere Beobachtung mit der Wahrscheinlichkeit 0.95 enthält

D   95 % aller zukünftigen Beobachtungen enthält

E   mit der Irrtumswahrscheinlichkeit $a = 0.05$ alle zukünftigen Beobachtungen enthält

MS - 3 - 68 - 2 (++)   Fragetyp A_1

Seien $x_1, x_2, \ldots, x_n$ Realisationen unabhängiger normalverteilter Zufallsvariablen und sei u_p das p-Quantil der standardisierten Normalverteilung.

Das zweiseitige Konfidenzintervall für den Erwartungswert hat bei bekannter Varianz σ^2 und gegebener Irrtumswahrscheinlichkeit a die Grenzen

A $\bar{x} \pm u_{1-a} \cdot \dfrac{\sigma}{n}$

B $\bar{x} \pm u_{1-\frac{a}{2}} \cdot n$

C $\bar{x} \pm u_{1-\frac{a}{2}} \cdot \dfrac{\sigma}{\sqrt{n}}$

D $\bar{x} \pm u_{1-\frac{a}{2}} \cdot \sigma$

E $\bar{x} \pm u_{1-\frac{a}{2}} \cdot \dfrac{\sigma^2}{n}$

MZ - 3 - 68 - 3 (++) Fragetyp A_1

Ein Konfidenzintervall zur Konfidenzwahrscheinlichkeit 1- α für den Parameter μ gibt an

A ein Intervall, das mit Wahrscheinlichkeit 1 - α den Parameter μ der Grundgesamtheit enthält

B ein Intervall, das mit Wahrscheinlichkeit α den Parameter μ der Grundgesamtheit enthält

C wie groß die Schwankung des Parameters μ in der Grundgesamtheit mit einer Irrtumswahrscheinlichkeit α ist

D wie groß die Schwankung des Parameters μ in der Stichprobe ist, wenn die Irrtumswahrscheinlichkeit α beträgt

E wie groß die Abweichung der Schätzung für μ vom wahren Wert höchstens sein kann

MZ - 3 - 68 - 4 (++) Fragetyp A_1

Für den Erwartungswert wurde aus einer zufälligen Stichprobe ein Konfidenzintervall I = [70, 90] zur Konfidenzwahrscheinlichkeit 1 - α = 0.95 berechnet.
Das bedeutet:

A Falls der Stichprobenumfang größer ist als 95, liegt der Erwartungswert im Intervall I

B Der Mittelwert der Stichprobe liegt mit der Wahrscheinlichkeit 0.05 im Intervall I

C Der Erwartungswert liegt mit einer Irrtumswahrscheinlichkeit von 0.05 im Intervall I

D Die 5 %ige Streuung des Erwartungswertes liegt im Intervall I

E Keine der Aussagen A - D ist richtig

MS - 3 - 68 - 5 (++) Fragetyp A_1

Für den Erwartungswert wird aus einer Stichprobe vom Umfang n ein zweiseitiges Konfidenzintervall I_1 zur Konfidenzwahrscheinlichkeit 0.95 und ein zweiseitiges Konfidenzintervall I_2 zur Konfidenzwahrscheinlichkeit 0.99 berechnet.

Dann gilt <u>stets</u>:

A I_1 ist eine Teilmenge von I_2
B I_2 ist eine Teilmenge von I_1
C I_1 ist immer gleich I_2
D I_1 und I_2 haben keine gemeinsamen Punkte
E   Keine der Aussagen A - D ist immer richtig

MS - 3 - 68 - 6 (++) Fragetyp A_1

Man berechnet für verschiedene Irrtumswahrscheinlichkeiten aus einer Stichprobe von 90 Elementen das Konfidenzintervall für einen Parameter.

Die Wahrscheinlichkeit, daß das Intervall den wirklichen Wert dieses Parameters nicht enthält, ist am geringsten für eine Irrtumswahrscheinlichkeit von

A $\alpha = 0.01$
B $\alpha = 0.05$
C $\alpha = 0.10$
D $\alpha = 0.90$
E $\alpha = 0.99$

FR - 3 - 68 - 7 (++) Fragetyp A_2

In einer Stichprobe von 9 Zigaretten der Marke X ist der Mittelwert des Teergehalts 20 mg. Man kann annehmen, daß die Teergehalte nach $N(\mu, 3^2)$ verteilt sind.

Das Konfidenzintervall des mittleren Teergehalts μ zur Konfidenzwahrscheinlichkeit 0.95 ist ungefähr

A $13.1 \le \mu \le 26.9$ [mg]
B $14.0 \le \mu \le 26.0$ [mg]
C $17.7 \le \mu \le 22.3$ [mg]
D $18.0 \le \mu \le 22.0$ [mg]
E $11.0 \le \mu \le 29.0$ [mg]

MS - 3 - 72, 73 - 1 (++)   Fragetyp A_1

Es soll die Nullhypothese H_0: $\mu = 0$ gegen die Alternativhypothese H_1: $\mu \ne 0$ aufgrund einer zufälligen Stichprobe vom Umfang n aus einer normalverteilten Grundgesamtheit geprüft werden.

Bei gleicher Wahrscheinlichkeit für den Fehler 1. Art ist beim Vorzeichentest die Wahrscheinlichkeit für den Fehler zweiter Art

A   kleiner als beim t-Test
B   höchstens so groß wie beim t-Test
C   ebenso groß wie beim t-Test
D   größer als beim t-Test
E   Eine derartige allgemeine Aussage ist nicht möglich

ÄCH - 3 - 73 - 2 (++)   Fragetyp A_1

Der t-Test für zwei unverbundene Stichproben kann verwendet werden zur Prüfung der Hypothese,

A   daß die Varianzen gleich sind
B   daß die Erwartungswerte gleich sind
C   daß die Varianzen einen vorgegebenen Wert haben
D   daß Normalverteilungen vorliegen
E   daß keine Normalverteilungen vorliegen

FR - 3 - 73 - 3 (++)　　　　　　　　　　　　　　Fragetyp A_3

Welche der Bedingungen A - D braucht bei Anwendung des t-Tests für unverbundene Stichproben nicht zu gelten?

A　Die Stichproben müssen zufällige Stichproben sein

B　Die den Daten der Stichproben entsprechenden Zufallsvariablen müssen annähernd normalverteilt sein

C　Die Stichproben müssen gleichen Umfang haben

D　Die Daten der Stichproben müssen Realisationen unabhängiger Zufallsvariablen sein

E　Alle Bedingungen A - D müssen erfüllt sein

AMST - 3 - 66, 73 - 4 (+++)　　　　　　　　　　Fragetyp A_1

Die Erwartungswerte zweier Verteilungen sollen verglichen werden. Dazu werden zwei zufällige Stichproben mit jeweils 11 Daten gezogen. Getestet wird mit dem Zwei-Stichprobent-Test bei zweiseitiger Alternativhypothese und bei einer Irrtumswahrscheinlichkeit $\alpha = 0.05$. Als Prüfgröße ergibt sich t = 2.080.

Die Schlußfolgerung lautet:

A　Die Erwartungswerte unterscheiden sich bei $\alpha = 0.05$ nicht signifikant

B　Die Gleichheit der Erwartungswerte ist signifikant

C　Mit Wahrscheinlichkeit 0.95 sind die Erwartungswerte gleich

D　Mit Wahrscheinlichkeit 0.95 sind die Erwartungswerte nicht gleich

E　Da die Anzahl der Freiheitsgrade nicht bekannt ist, ist keine Schlußfolgerung möglich

FR - 3 - 75 - 1 (++)　　　　　　　　　　　　　　Fragetyp A_1

Bei einer Einfachklassifikation mit k Klassen ist die Anzahl der Wiederholungen stets

A in allen Klassen gleich k
B in allen Klassen gleich k^2
C in allen Klassen gleich groß
D in allen Klassen gleich 1
E Keine der Aussagen A - D ist immer richtig

FR - 3 - 75 - 2 (++)   Fragetyp A_3

In der einfachen Varianzanalyse mit k Klassen wird <u>nicht</u> vorausgesetzt, daß

A die Varianzen in den einzelnen Gruppen gleich groß sind
B die Restfehler unabhängig sind
C in allen Gruppen gleichviele Beobachtungen sind
D $\sum_{i=1}^{k} a_i = 0$ gilt
E a_i fest ist (i=1, 2, ..., k)

FR - 3 - 75 - 3 (++)   Fragetyp A_1

Gegeben sind drei Gruppen mit je 6 Personen. Gerechnet wird eine einfache Varianzanalyse.

Die Anzahl der Freiheitsgrade für den Mittelwert der Abweichungsquadrate innerhalb der Gruppen ist

A 2
B 6
C 15
D 17
E 18

FR - 3 - 70/78 - 1 (+++)　　　　　　　　　　　　Fragetyp A_1

An einer Baustelle ist ein neuer Bagger eingesetzt. Von 10 vorbeigehenden Männern bleiben 8, von 10 vorbeigehenden Frauen bleibt keine stehen.

Um zu prüfen, ob Männer an Baggern mehr interessiert sind als Frauen, verwendet man am besten den

A　Vorzeichen-Test
B　χ^2-Test für eine Vierfeldertafel
C　t-Test für paarige Stichproben
D　F-Test
E　t-Test für unverbundene Stichproben.

MS - 3 - 70/78 - 2 (+++)　　　　　　　　　　　　Fragetyp A_1

Man zieht aus 2 Patientengruppen zufällige Stichproben vom Umfang n. Die Zufallsvariablen seien normalverteilt mit Erwartungswert μ_1 bzw. μ_2.
Zum Test der Hypothese

$$\left\{ \begin{array}{l} H_0: \mu_1 = \mu_2 \\ H_1: \mu_1 \neq \mu_2 \end{array} \right\}$$

benutzt man

A　den t-Test für verbundene Stichproben
B　den χ^2-Test
C　den WILCOXON-Test
D　den F-Test
E　den t-Test für unverbundene Stichproben

FR - 3 - 70/78 - 3 (+++)　　　　　　　　　　　　Fragetyp A_1

Aus einer Grundgesamtheit wurde eine zufällige Stichprobe von 100 Elementen gezogen. Jedes Element besitzt genau eine von 4 möglichen Ausprägungen eines Merkmals A. Das Ergebnis ist:

Merkmalsausprägung	A_1	A_2	A_3	A_4	Gesamt
Häufigkeit	22	20	19	39	100

Man will die Nullhypothese testen, die 4 Ausprägungen kämen in der Population mit gleicher Häufigkeit vor. Dazu benutzt man den

A t-Test für paarige Stichproben

B U-Test von MANN-WHITNEY-WILCOXON

C WILCOXON-Test für paarige Stichproben

D KRUSKAL-WALLIS-Test

E χ^2-Anpassungstest

AMST - 3 - 70/78 - 4 (+++) Fragetyp A_1

Man erwartet folgende Verteilung der Blutgruppen bei Frauen aus einer bestimmten Grundgesamtheit:

A - 40 %, B - 20 %, 0 - 30 %, AB - 10 %.

Eine Untersuchung an einer zufälligen Stichprobe von 200 Frauen aus dieser Grundgesamtheit ergibt:

Blutgruppe	A	B	0	AB	Gesamt
Anzahl	84	36	68	12	200

Man untersucht mit dem χ^2-Anpassungstest, ob diese Ergebnisse mit den erwarteten Werten verträglich sind und erhält als Prüfgröße (wobei f die Anzahl der Freiheitsgrade ist)

A $\chi^2 = 4.87$ mit f = 3   D $\chi^2 = 6.91$ mit f = 4

B $\chi^2 = 4.87$ mit f = 4   E $\chi^2 = 6.91$ mit f = 200

C $\chi^2 = 6.91$ mit f = 3

MS - 3 - 79 - 1 (++)　　　　　　　　　　　　　　Fragetyp A_1

Bei einer Erhebung wurde festgestellt, daß über einen gewissen Zeitraum in einem Stadtteil mit wachsender Anzahl der angemeldeten Fernsehgeräte auch die Anzahl der Kinobesuche anstieg.

Hieraus kann man schließen, daß

A die Anzahl der Kinobesuche und die Anzahl der angemeldeten Fernsehgeräte abhängig sind

B Fernsehen zum Kinobesuch anregt

C Kinobesuch zum Fernsehen anregt

D Man kann nichts daraus schließen, weil man nicht weiß, wieviele Fernsehgeräte nicht angemeldet sind

E Man kann nichts daraus schließen, weil man nicht die Entwicklung der Einwohnerzahl in diesem Stadtteil kennt

MS - 3 - 79 - 2 (++)　　　　　　　　　　　　　　Fragetyp A_2

An n Beobachtungseinheiten sind zwei quantitative diskrete Merkmale beobachtet worden. Es soll untersucht werden, ob eine lineare Abhängigkeit zwischen den Merkmalen besteht. Dazu wird der empirische Korrelationskoeffizient berechnet. Um Fehlinterpretationen des Korrelationskoeffizienten zu vermeiden, sollte man

A den Stichprobenumfang nicht zu groß wählen

B für beide Merkmale die gleiche Maßeinheit verwenden

C die graphische Darstellung bei der Interpretation verwenden

D den Anstieg der Regressionsgeraden bestimmen

E Der Korrelationskoeffizient läßt sich nur für stetige Merkmale berechnen

FR - 3 - 80 - 1 (+) Fragetyp A_1

Gegeben seien 2 unabhängige Zufallsvariable X_1 und X_2 mit stetiger Verteilungsfunktion und es sei $Y = X_2 - X_1$.

X_1 ist mit Y

A   positiv korreliert

B   nicht korreliert

C   negativ korreliert

D   Das Vorzeichen der Korrelation von X_1 mit Y hängt von der Verteilung der X_i (i=1, 2) ab

E   Keine der Aussagen A - D ist richtig

Kapitel 4
Dokumentation und Datenverarbeitung

MS - 4 - 81 - 1 (++) Fragetyp A_1

Bei einem Experiment zur Untersuchung der Wirkung zweier verschiedener Therapien auf eine Erkrankung X werden folgende Daten erfaßt: Aufnahme-Nr. des Patienten, Name des Patienten, Schweregrad der Erkrankung X, Therapie, Therapiedauer und Befund nach Therapieende.

Das Merkmal "Aufnahme-Nr." ist

A eine Störgröße

B eine Zielgröße

C eine Einflußgröße

D eine Identifikationsgröße

E ein Faktor

MS - 4 - 81 - 2 (++) Fragetyp A_1

Es werden zwei verschiedene Tropftherapien bei akutem Glaukom untersucht. Als "Wirkung" einer Therapie wurde die Änderung des intraocularen Drucks unter der Therapie festgelegt. Die beiden Therapien sollen bei verschiedenen Altersgruppen verglichen werden.

Das Merkmal "Alter" ist

A eine Störgröße

B ein Faktor

C eine Faktorstufe

D eine Zielgröße

E Keine der Aussagen A - D ist richtig

MS - 4 - 81 - 3 (++)   Fragetyp C

Es werden zwei verschiedene Tropftherapien bei akutem Glaukom untersucht. Als "Wirkung" einer Therapie ist die Änderung des intraocularen Drucks unter der Therapie definiert. Die beiden Therapien sollen getrennt für Männer und Frauen verglichen werden.

Das Merkmal "Geschlecht" ist eine Störgröße,

denn

es kann verschiedene Ausprägungen haben.

Bitte kreuzen Sie die Antwort A - E an, die nach Ihrer Meinung die beiden Feststellungen und ihre Verknüpfung richtig beurteilt:

Antwort	Feststellung 1	Feststellung 2	Verknüpfung
A	richtig	richtig	richtig
B	richtig	richtig	falsch
C	richtig	falsch	-
D	falsch	richtig	-
E	falsch	falsch	-

MS - 4 - 82 - 1 (++)   Fragetyp A_1

Die Personenkennziffer ist

A   eine Einflußgröße

B   ein Faktor

C   eine Störgröße

D   eine Identifikationsgröße

E   Keine der Aussagen A - D ist richtig

MS - 4 - 82 - 2 (++) Fragetyp A_1

Für das Merkmal "Geschlecht" wird folgende Verschlüsselung gewählt:

Schlüssel	Ausprägung
0	weibliches Geschlecht
1	männliches Geschlecht
2	weibliches oder nicht eindeutig bestimmbares Geschlecht

A Diese Verschlüsselung ist sinnvoll, denn sie ist disjunkt und erschöpfend

B Diese Verschlüsselung ist nicht sinnvoll, denn sie ist zwar disjunkt, aber nicht erschöpfend

C Diese Verschlüsselung ist nicht sinnvoll, denn sie ist zwar erschöpfend, aber nicht disjunkt

D Diese Verschlüsselung ist nicht sinnvoll, denn sie ist weder disjunkt noch erschöpfend

E Diese Form der Verschlüsselung ist nicht erlaubt, da das Geschlecht ein qualitatives Merkmal ist

MS - 4 - 82 - 3 (++) Fragetyp A_1

Bei einer klinischen Datenerhebung muß das Alter der Patienten klassiert und verschlüsselt werden. Dafür wird folgender Schlüssel benutzt:

Schlüssel	Ausprägung
0	0 - 3 Jahre
1	2 - 10 Jahre
2	10 - 30 Jahre
3	30 - 60 Jahre

A Dieser Schlüssel ist sinnvoll, denn er ist disjunkt und erschöpfend

B Dieser Schlüssel ist nicht sinnvoll, denn er ist zwar disjunkt, aber nicht erschöpfend

C Dieser Schlüssel ist nicht sinnvoll, denn er ist zwar erschöpfend, aber nicht disjunkt

D Dieser Schlüssel ist nicht sinnvoll, denn er ist weder disjunkt noch erschöpfend

E Diese Form der Verschlüsselung ist nicht erlaubt, da das Alter ein quantitatives Merkmal ist

---

MS - 4 - 82 - 4 (++)   Fragetyp A_1

Eine Terminologie ist

A ein zusammenfassender Begriff für verschiedene Typen von Terminals

B eine Liste aller innerhalb einer Fachsprache benutzten Wörter und Phrasen

C ein semantisch strukturierter Schlüssel

D eine Nomenklatur

E Keine der Aussagen A - D ist richtig

MS - 4 - 82 - 5 (+)   Fragetyp A_1

Die wichtigsten Begriffe zur Charakterisierung eines Dokumentationssystems sind Suchzeit, Recall und Präzision. Es ist stets

A $-1 < \text{Recall} < 1$

B $0 > \text{Präzision}$

C $\text{Recall} = \text{Suchzeit} \cdot \text{Präzision}$

D $0 \leq \text{Recall} \leq \text{Präzision} \leq 1$

E $0 \leq \text{Recall} \leq 1, 0 \leq \text{Präzision} \leq 1$

MS - 4 - 82 - 6 (++)   Fragetyp A_1

Das Personenkennzeichen ist eine Identifikationsgröße aus den Daten Geburtsdatum (TTMMJJ), Geschlecht und Geburtsjahrhundert (G), vierstelliger laufender Nummer (LLLL) und Prüfziffer (P).

Die Reihenfolge dieser Daten in dem Personenkennzeichen ist

A   TTMMJJGLLLLP

B   PGTTMMJJLLLL

C   JJMMTTGLLLLP

D   LLLLTTMMJJGP

E   MMJJTTLLLLGP

MS - 4 - 83 - 1 (++)   Fragetyp A_1

Der Krankenblattkopf ist

A   die Kliniks-Identifikation auf dem Krankenblatt

B   die erste Seite des Krankenblatts mit den wichtigsten persönlichen und medizinischen Daten des Patienten

C   die Zusammenfassung der Befunde im Kopfbereich bei einem Patienten

D   die Zusammenfassung anamnestischer Angaben im Krankenblatt

E   der Arztbrief

MS - 4 - 83 - 2 (++)   Fragetyp C

Der Krankenblattkopf enthält obligat folgende Daten des Patienten: Familienname, Geburtsname, Vorname, Geburtsdatum, Geschlecht, Religion, Adresse, Aufnahmedatum, Aufnahmeart (stationär oder ambulant), Aufnahmeklinik und Aufnahmestation.

Zusätzlich zu diesen Personalangaben gehören auf den Krankenblattkopf auch die wichtigsten Diagnosen und Therapien,

denn

der Krankenblattkopf dient zur schnellen Information über einen Patienten.

Bitte kreuzen Sie die Antwort A - E an, die nach Ihrer Meinung die beiden Feststellungen und ihre Verknüpfung richtig beurteilt:

Antwort	Feststellung 1	Feststellung 2	Verknüpfung
A	richtig	richtig	richtig
B	richtig	richtig	falsch
C	richtig	falsch	-
D	falsch	richtig	-
E	falsch	falsch	-

MS - 4 - 84 - 1 (++)   Fragetyp A_1

Die INTERNATIONAL CLASSIFICATION OF DISEASES ist ein Diagnoseschlüssel, der

A   die semantischen Kategorien LOKALISATION und NOSOLOGIE unterscheidet

B   die alphabetisch sortierten Diagnosen laufend durchnumeriert

C   Gruppen von Erkrankungen, wechselnd nach der Lokalisation und der Nosologie zusammenfaßt

D   ausschließlich für die Verschlüsselung histologischer Diagnosen benutzt werden kann

E   Keine der Aussagen A - D ist richtig

MS - 4 - 84 - 2 (++) Fragetyp A_1

Der KLINISCHE DIAGNOSENSCHLÜSSEL

A   ist ein sechsstelliger numerischer Schlüssel

B   unterscheidet die semantischen Kategorien TOPOGRAPHIE und FUNKTIONSSTÖRUNGEN

C   unterscheidet die semantischen Kategorien TOPOGRAPHIE und ÄTIOLOGIE

D   unterscheidet die semantischen Kategorien TOPOGRAPHIE und PATHISCHER PROZESS

E   ist mit der INTERNATIONAL CLASSIFICATION OF DISEASES identisch

MS - 4 - 84 - 3 (++) Fragetyp A_1

Der KLINISCHE DIAGNOSENSCHLÜSSEL ist

A   ein Operationsschlüssel für die operativen Fächer

B   ein semantisch strukturierter Schlüssel

C   ein hierarchisch in jeder semantischen Kategorie strukturierter Schlüssel

D   beschränkt sich auf internistische Diagnosen

E   enthält nur eine Klassifikation maligner Tumoren

MS - 4 - 84 - 4 (++) Fragetyp A_1

Die SYSTEMATIZED NOMENCLATURE OF PATHOLOGY

A   ist ein klinischer Diagnoseschlüssel

B   ist ein semantisch strukturierter Schlüssel

C   enthält nur Vorzugsbenennungen

D   ist ein Therapieschlüssel

E   Keine der Aussagen A - D ist richtig

MS - 4 - 84 - 5 (++)   Fragetyp A_1

Die SYSTEMATIZED NOMENCLATURE OF PATHOLOGY besteht aus den semantischen Kategorien

A   TOPOGRAPHIE und NOSOLOGIE
B   MORPHOLOGIE und THERAPIE
C   TOPOGRAPHIE, MORPHOLOGIE, ÄTIOLOGIE und THERAPIE
D   TOPOGRAPHIE, ÄTIOLOGIE und FUNKTION
E   TOPOGRAPHIE, MORPHOLOGIE, ÄTIOLOGIE und FUNKTION

MS - 4 - 85 - 1 (+)   Fragetyp A_1

Literaturdienste in der Medizin dienen zur

A   Sammlung medizinischer Literatur
B   Dokumentation medizinischer Publikationen
C   Archivierung medizinischer Dissertationen
D   Veröffentlichung wissenschaftlicher Arbeiten
E   Keine der Aussagen A - D ist richtig

MS - 4 - 85 - 2 (+)   Fragetyp A_1

MEDLARS und DIMDI sind Bezeichnungen für

A   Gruppen von Pharmaka
B   Namen von Krankenhausinformationssystemen
C   Literaturdienste
D   klinische Diagnoseschlüssel
E   Handlochkartensysteme

MS - 4 - 87 - 1 (+)　　　　　　　　　　　　　　Fragetyp A_1

Eine Datenverarbeitungsanlage besteht aus Eingabeeinheiten, Zentraleinheit und Ausgabeeinheiten. Unter dem Begriff "Zentraleinheit" faßt man

A　alle EDV-Geräte in einem zentralen Rechenzentrum
B　Rechenwerk, Steuerwerk und Drucker
C　Steuerwerk, Hauptspeicher und externe Speicher
D　Steuerwerk, Magnetbandeinheiten und Datenstationen
E　Hauptspeicher, Steuerwerk und Rechenwerk

zusammen.

MS - 4 - 87 - 2 (+)　　　　　　　　　　　　　　Fragetyp A_1

Ein EDV-Programm ist

A　eine symbolische Programmiersprache
B　ein Flußdiagramm
C　die geordnete Menge der Instruktionen zur Lösung eines Problems
D　die Systemanalyse eines Problems
E　der Systementwurf zur Lösung eines Problems

MS - 4 - 87 - 3 (+)　　　　　　　　　　　　　　Fragetyp A_1

Beim reinen Stapelbetrieb haben auf einer Datenverarbeitungsanlage

A　verschiedene Benutzer gleichzeitig Zugriff zur Zentraleinheit
B　höchstens 3 Benutzer gleichzeitig Zugriff zur Zentraleinheit
C　höchstens 2 Benutzer gleichzeitig Zugriff zur Zentraleinheit

D werden nur Stapel von Datenmengen (keine Einzeldaten) verarbeitet

E Keine der Aussagen A - D ist richtig

MS - 4 - 87 - 4 (+)   Fragetyp A_1

Beim Time-sharing-Betrieb einer Datenverarbeitungsanlage

A werden verschiedene Benutzer abwechselnd in so schneller Folge bedient, daß diese den Eindruck "gleichzeitiger" Benutzung der Datenverarbeitungsanlage haben

B werden nur Prozesse überwacht und gesteuert

C werden Programme nur stapelweise verarbeitet

D können nur Programme in der Programmiersprache FORTRAN verarbeitet werden

E können Programme nur in den problemorientierten Programmiersprachen FORTRAN, PL/I und ALGOL verarbeitet werden

MS - 4 - 87 - 5 (+)   Fragetyp A_1

Ein Bit ist

A die kleinste Informationseinheit bei der Datenverarbeitung

B ein Dateneingabegerät

C ein spezieller Zugriff auf einen externen Speicher

D eine besondere Form des Betriebs einer Datenverarbeitungsanlage

E die Abkürzung für Basisinformationstechnologie

MS - 4 - 88 - 1 (+) Fragetyp A$_1$

Zu den Speichereinheiten einer Datenverarbeitungsanlage gehören

A Zentraleinheit und externe Speicher
B Magnetbandeinheiten, Drucker und Lochkartenstanzer
C Hauptspeicher und Magnetplattenspeicher
D Lochstreifenleser, Lochstreifenstanzer und Markierungsbelegleser
E Klartextleser und Markierungsbelegleser

MS - 4 - 88 - 2 (+) Fragetyp C

Magnetplattenspeicher bezeichnet man als externe Speicher,

<u>denn</u>

sie stehen normalerweise nicht im Rechenzentrum selbst, sondern bei den externen Benutzern.

Bitte kreuzen Sie die Antwort A - E an, die nach Ihrer Meinung die beiden Feststellungen und ihre Verknüpfung richtig beurteilt:

Antwort	Feststellung 1	Feststellung 2	Verknüpfung
A	richtig	richtig	richtig
B	richtig	richtig	falsch
C	richtig	falsch	-
D	falsch	richtig	-
E	falsch	falsch	-

MS - 4 - 89 - 1 (+) Fragetyp C

Magnetbänder sind externe Speicher,

<u>denn</u>

sie lassen im Gegensatz zu Magnetplatten nur einen sequentiellen Zugriff auf die Daten zu.

Bitte kreuzen Sie die Antwort A - E an, die nach Ihrer Meinung die beiden Feststellungen und ihre Verknüpfung richtig beurteilt:

Antwort	Feststellung 1	Feststellung 2	Verknüpfung
A	richtig	richtig	richtig
B	richtig	richtig	falsch
C	richtig	falsch	-
D	falsch	richtig	-
E	falsch	falsch	-

MS - 4 - 89 - 2 (+)   Fragetyp A_1

Die Zugriffszeit ist

A   die Ausführungszeit eines Programms auf einer Datenverarbeitungsanlage

B   die Zeit zwischen Eingabe eines Programms in eine Datenverarbeitungsanlage und Beendigung des Programms

C   die zur Verarbeitung einer definierten Datenmenge notwendige Zeit

D   die Zeit, die ein Computer benötigt, um ein Datum von einer bestimmten Speicherstelle zu holen bzw. auf eine bestimmte Speicherstelle zu speichern

E   Keine der Aussagen A - D ist richtig

MS - 4 - 89 - 3 (+)   Fragetyp C

Der Zugriff auf die Daten auf einem Magnetband erfolgt direkt,

denn

eine Magnetbandeinheit ist ein externer Speicher.

Bitte kreuzen Sie die Antwort A - E an, die nach Ihrer Meinung die beiden Feststellungen und ihre Verknüpfung richtig beurteilt:

Antwort	Feststellung 1	Feststellung 2	Verknüpfung
A	richtig	richtig	richtig
B	richtig	richtig	falsch
C	richtig	falsch	-
D	falsch	richtig	-
E	falsch	falsch	-

MS - 4 - 90 - 1 (+)   Fragetyp C

Maschinenlesbare Belege kann man zur Dateneingabe in einen Computer benutzen,

denn

alle externen Speicher lassen einen direkten Zugriff zu den Daten zu.

Bitte kreuzen Sie die Antwort A - E an, die nach Ihrer Meinung die beiden Feststellungen und ihre Verknüpfung richtig beurteilt:

Antwort	Feststellung 1	Feststellung 2	Verknüpfung
A	richtig	richtig	richtig
B	richtig	richtig	falsch
C	richtig	falsch	-
D	falsch	richtig	-
E	falsch	falsch	-

MS - 4 - 90 - 2 (+)   Fragetyp C

Ablochbelege sind stets maschinenlesbaren Belegen vorzuziehen, denn

durch das Ablochen der Daten werden die Fehlermöglichkeiten bei der Datenerfassung reduziert.

Bitte kreuzen Sie die Antwort A - E an, die nach Ihrer Meinung die beiden Feststellungen und ihre Verknüpfung richtig beurteilt:

Antwort	Feststellung 1	Feststellung 2	Verknüpfung
A	richtig	richtig	richtig
B	richtig	richtig	falsch
C	richtig	falsch	-
D	falsch	richtig	-
E	falsch	falsch	-

MS - 4 - 90 - 3 (+) Fragetyp C

Bei der Präsentation von schnell benötigten Daten benutzt man ein Terminal im online-Betrieb,

denn

im offline-Betrieb muß man mit längeren Wartezeiten rechnen.

Bitte kreuzen Sie die Antwort A - E an, die nach Ihrer Meinung die beiden Feststellungen und ihre Verknüpfung richtig beurteilt:

Antwort	Feststellung 1	Feststellung 2	Verknüpfung
A	richtig	richtig	richtig
B	richtig	richtig	falsch
C	richtig	falsch	-
D	falsch	richtig	-
E	falsch	falsch	-

MS - 4 - 90 - 4 (+)   Fragetyp A_1

Ein Terminal ist

A   der Zeitpunkt der Beendigung eines Programms

B   ein vordefiniertes Ende eines Programms

C   ein Programm mit vorgeschriebener maximaler Laufzeit

D   eine externe Speichereinheit

E   ein Datenendgerät

MS - 4 - 91 - 1 (+)   Fragetyp A_1

Eine Datenbank ist

A   ein externer Speicher

B   ein Teil der Zentraleinheit

C   ein interner Speicher

D   ein Programm in einer problemorientierten Programmiersprache

E   eine strukturierte Sammlung von Daten auf einem externen Speicher

MS - 4 - 91 - 2 (+)   Fragetyp C

Ein sinnvoller Diagnoseschlüssel ist semantisch strukturiert, **denn**

optimale Präsentation medizinischer Informationen setzt eine semantische Struktur der Informationen voraus.

Bitte kreuzen Sie die Antwort A - E an, die nach Ihrer Meinung die beiden Feststellungen und die Verknüpfung richtig beurteilt:

Antwort	Feststellung 1	Feststellung 2	Verknüpfung
A	richtig	richtig	richtig
B	richtig	richtig	falsch
C	richtig	falsch	-
D	falsch	richtig	-
E	falsch	falsch	-

Schlüssel

Kapitel 1

FR	-1-1- 1	D	MS	-1- 6- 3	C	MS	-1-11-14	E
FR	-1-1- 2	B	MZ	-1- 7- 1	D	FR	-1-11-15	D
FR	-1-1- 3	B	MS	-1- 7- 2	B	MS	-1-11-16	A
FR	-1-1- 4	B	MS	-1- 8- 1	E	FR	-1-11-17	C
MZ	-1-1- 5	A	ACH	-1- 8- 2	B	MZ	-1-11-18	B
AMST	-1-1- 6	E	MS	-1- 8- 3	B	FR	-1-11-19	D
MZ	-1-1- 7	B	MS	-1- 9- 1	E	MZ	-1-11-20	C
AMST	-1-1- 8	A	MS	-1- 9- 2	D	ACH	-1-11-21	B
MZ	-1-1- 9	D	ACH	-1-10- 1	D	ACH	-1-11-22	C
FR	-1-1-10	B	FR	-1-10- 2	D	ACH	-1-11-23	E
FR	-1-2- 1	D	FR	-1-10- 3	D	AMST	-1-11-24	B
FR	-1-2- 2	B	AMST	-1-10- 4	C	AMST	-1-11-25	C
FR	-1-2- 3	D	ACH	-1-10- 5	D	AMST	-1-11-26	C
MS	-1-2- 4	A	MS	-1-10- 6	D	AMST	-1-11-27	B
MS	-1-2- 5	A	MS	-1-10- 7	C	MS	-1-11-28	E
MZ	-1-2- 6	E	MS	-1-10- 8	A	MZ	-1-12- 1	A
MZ	-1-2- 7	C	MS	-1-10- 9	E	MS	-1-13- 1	C
MZ	-1-2- 8	C	MS	-1-10-10	E	MS	-1-13- 2	D
MZ	-1-2- 9	E	MS	-1-10-11	C	MS	-1-14- 1	C
MZ	-1-2-10	B	MS	-1-10-12	E	MS	-1-14- 2	D
MZ	-1-2-11	A	ACH	-1-11- 1	A	FR	-1-15- 1	A
AMST	-1-2-12	B	MS	-1-11- 2	B	FR	-1-15- 2	C
MZ	-1-3- 1	B	ACH	-1-11- 3	E	AMST	-1-15- 3	C
MZ	-1-3- 2	C	ACH	-1-11- 4	A	MS	-1-15- 4	B
MZ	-1-3- 3	B	ACH	-1-11- 5	C	FR	-1-16- 1	A
MZ	-1-3- 4	D	ACH	-1-11- 6	A	FR	-1-16- 2	B
MS	-1-4- 1	B	MS	-1-11- 7	D	FR	-1-16- 3	B
MS	-1-4- 2	A	MS	-1-11- 8	D	AMST	-1-17- 1	C
FR	-1-5- 1	C	ACH	-1-11- 9	B	FR	-1-17- 2	D
FR	-1-5- 2	A	FR	-1-11-10	A	FR	-1-17- 3	D
MZ	-1-5- 3	D	FR	-1-11-11	B	MS	-1-17- 4	A
MS	-1-6- 1	E	FR	-1-11-12	C			
MS	-1-6- 2	D	MS	-1-11-13	C			

Kapitel 2

MS	-2-18- 1	C	FR	-2-18- 4	C	FR	-2-18- 7	C
ACH	-2-18- 2	D	FR	-2-18- 5	D	FR	-2-18- 8	D
ACH	-2-18- 3	D	FR	-2-18- 6	B	ACH	-2-18- 9	C

FR	-2-18-10	A	MS	-2-23- 4	E	FR	-2-32- 1	C
FR	-2-18-11	A	MS	-2-23- 5	D	MS	-2-32- 2	B
MS	-2-18-12	B	MS	-2-23- 6	B	ACH	-2-33- 1	A
ACH	-2-18-13	D	MS	-2-23- 7	E	ACH	-2-33- 2	E
MZ	-2-18-14	D	MS	-2-23- 8	D	MS	-2-33- 3	B
MZ	-2-18-15	C	FR	-2-24- 1	C	FR	-2-35- 1	D
MZ	-2-18-16	D	FR	-2-24- 2	E	MS	-2-37- 1	B
FR	-2-18-17	D	MZ	-2-24- 3	D	FR	-2-37- 2	E
FR	-2-18-18	B	MZ	-2-24- 4	D	FR	-2-37- 3	B
MZ	-2-19- 1	E	MZ	-2-25- 1	D	FR	-2-38- 1	E
FR	-2-19- 2	E	MZ	-2-25- 2	C	MS	-2-39- 1	D
MS	-2-20- 1	B	FR	-2-26- 1	B	MS	-2-39- 2	A
MS	-2-20- 2	B	MZ	-2-26- 2	C	MS	-2-39- 3	E
FR	-2-21- 1	E	MZ	-2-26- 3	D	FR	-2-40- 1	C
FR	-2-21- 2	E	MZ	-2-27- 1	B	FR	-2-40- 2	A
FR	-2-21- 3	D	MZ	-2-27- 2	E	FR	-2-40- 3	C
ACH	-2-21- 4	A	MZ	-2-27- 3	E	FR	-2-41- 1	D
MZ	-2-21- 5	B	FR	-2-29- 1	C	FR	-2-41- 2	C
MZ	-2-21- 6	D	MZ	-2-29- 2	E	ACH	-2-41- 3	D
FR	-2-22- 1	A	MS	-2-29- 3	E	FR	-2-41- 4	C
FR	-2-22- 2	B	MS	-2-29- 4	C	MZ	-2-41- 5	A
FR	-2-22- 3	A	MS	-2-29- 5	E	FR	-2-41- 6	C
FR	-2-22- 4	E	FR	-2-30- 1	C	AMST	-2-41- 7	D
MZ	-2-22- 5	B	FR	-2-30- 2	D	AMST	-2-41- 8	D
MS	-2-22- 6	D	MZ	-2-30- 3	D	AMST	-2-41- 9	E
MZ	-2-22- 7	A	MZ	-2-30- 4	D	AMST	-2-41-10	D
FR	-2-23- 1	E	MS	-2-31- 1	C	FR	-2-41-11	B
MS	-2-23- 2	D	MS	-2-31- 2	E	MS	-2-42- 1	E
MS	-2-23- 3	E	MS	-2-31- 3	A	FR	-2-44- 1	C
						FR	-2-45- 1	D

Kapitel 3

MS	-3-46- 1	A	MS	-3-51- 1	C	MS	-3-57- 1	C
MS	-3-46- 2	A	MS	-3-51- 2	A	MS	-3-58- 1	B
MS	-3-47- 1	D	MS	-3-51- 3	C	MS	-3-59- 1	D
MS	-3-47- 2	A	MS	-3-52- 1	E	MS	-3-59- 2	E
MS	-3-48- 1	D	MS	-3-53- 1	E	MS	-3-61- 1	E
MS	-3-48- 2	D	MS	-3-53- 2	A	MS	-3-61- 2	E
MS	-3-48- 3	D	MS	-3-54- 1	E	AMST	-3-63- 1	E
FR	-3-49- 1	D	MS	-3-54- 2	C	MS	-3-63- 2	D
MS	-3-49- 2	E	MS	-3-55- 1	C	MS	-3-64- 1	A
MS	-3-49- 3	A	MS	-3-56- 1	C	FR	-3-64- 2	A
MS	-3-50- 1	A	MS	-3-56- 2	D	MS	-3-64- 3	A

MS	-3-64-	4	A	MS	-3-66- 9	C	ACH	-3-73- 2	B
MS	-3-64-	5	B	MS	-3-66-10	A	FR	-3-73- 3	C
MS	-3-64-	6	E	AMST	-3-66-11	A	AMST	-3-73- 4	A
MS	-3-65-	1	B	AMST	-3-66-12	D	FR	-3-75- 1	E
MS	-3-65-	2	A	MS	-3-67- 1	E	FR	-3-75- 2	C
MS	-3-66-	1	D	FR	-3-68- 1	A	FR	-3-75- 3	C
MS	-3-66-	2	B	MS	-3-68- 2	C	FR	-3-78- 1	B
FR	-3-66-	3	B	MZ	-3-68- 3	A	MS	-3-78- 2	E
FR	-3-66-	4	C	MZ	-3-68- 4	C	FR	-3-78- 3	E
MZ	-3-66-	5	E	MS	-3-68- 5	A	AMST	-3-78- 4	A
AMST	-3-66-	6	C	MS	-3-68- 6	A	MS	-3-79- 1	E
MZ	-3-66-	7	E	FR	-3-68- 7	D	MS	-3-79- 2	C
MZ	-3-66-	8	D	MS	-3-73- 1	D	FR	-3-80- 1	C

Kapitel 4

MS	-4-81-	1	D	MS	-4-84- 1	C	MS	-4-87- 5	A
MS	-4-81-	2	B	MS	-4-84- 2	D	MS	-4-88- 1	C
MS	-4-81-	3	D	MS	-4-84- 3	B	MS	-4-88- 2	C
MS	-4-82-	1	D	MS	-4-84- 4	B	MS	-4-89- 1	B
MS	-4-82-	2	C	MS	-4-84- 5	E	MS	-4-89- 2	D
MS	-4-82-	3	D	MS	-4-85- 1	B	MS	-4-89- 3	D
MS	-4-82-	4	B	MS	-4-85- 2	C	MS	-4-90- 1	C
MS	-4-82-	5	E	MS	-4-87- 1	E	MS	-4-90- 2	E
MS	-4-82-	6	A	MS	-4-87- 2	C	MS	-4-90- 3	A
MS	-4-83-	1	B	MS	-4-87- 3	E	MS	-4-90- 4	E
MS	-4-83-	2	A	MS	-4-87- 4	A	MS	-4-91- 1	E
							MS	-4-91- 2	A

Eine Auswahl

Lehrbücher

Medizin

Vorklinik

ppel: Chemisches Grundpraktikum für Studierende t Chemie als Nebenfach Auflage. 1973. DM 12,80

esch/Hausmann: assische und molekulare enetik. 3. Auflage 1972 M 42,—

rssmann/Heym: rundriß der Neuroanatomie 974 (HT 139) DM 16,80 asistext

anong: Medizinische hysiologie. 3. Auflage. 1974 M 38,— rzlehrbuch

rundriß der Neurophysiologie. Hrsg. R. F. Schmidt Auflage. 1974 (HT 96) M 16,80 asistext

rundriß der Sinnesphysiologie. Hrsg. R. F. Schmidt 73 (HT 136) DM 16,80 asistext

eidel: Sinnesphysiologie I 71 (HT 97) DM 16,80

ichler/Benedum: nführung in die medinische Fachsprache. 1972 M 28,— Kurzlehrbuch

enrose: Einführung in die umangenetik. 2. Auflage 73 (HT 4) DM 14,80

europhysiologie rogrammiert rsg. R. F. Schmidt. 1971 M 38,—

uch/Zimbardo: Lehrbuch der sychologie. 1974. DM 38,— urzlehrbuch

iepel/Herrlinger/Faller: örterbuch der anatomischen Fachbegriffe 3. Auflage. 1972. DM 16,80

Examens-Fragen (zusammen mit J.F. Lehmanns Verlag, München)
Examens-Fragen Anatomie
2. Auflage. 1973. DM 16,—
Examens-Fragen Physik für Mediziner. 1973. DM 16,—
Examens-Fragen Physiologie
2. Auflage. 1973. DM 16,—
Examens-Fragen Physiologische Chemie
1974. DM 14,—

Klinik

Allgemeine und spezielle Chirurgie. Hrsg. Allgöwer
2. Auflage. 1973. DM 48,—
Kurzlehrbuch

Anschütz: Die körperliche Untersuchung. 1973 (HT 94) DM 16,80 Basistext

Bäßler/Fekl/Lang: Grundbegriffe der Ernährungslehre. 1973 (HT 119) DM 16,80 Basistext

Bleuler: Lehrbuch der Psychiatrie
12. Auflage. 1972. DM 86,—

Boenninghaus: Hals-Nasen-Ohrenheilkunde für Medizinstudenten. 3. Auflage. 1974 (HT 76) DM 16,80 Basistext

Bühlmann/Froesch: Pathophysiologie
2. Auflage. 1974 (HT 101) DM 16,80 Basistext

Buselmaier: Biologie für Mediziner 1974 (HT 154) DM 14,80 Basistext

Froelich/Bishop: Die Gesprächsführung des Arztes 1973 (HT 128) DM 19,80

Gladtke/v. Hattingberg: Pharmakokinetik. 1973 DM 22,—

Hamperl: Leichenöffnung Befund und Diagnose Neudruck der 4. Auflage 1972. DM 16,80

Hallen: Klinische Neurologie 1973 (HT 118) DM 19,80 Basistext

Harten: Physik für Mediziner 1974. DM 38,— Kurzlehrbuch

Idelberger: Lehrbuch der Orthopädie. 1970. DM 38,— Kurzlehrbuch

Innere Medizin. 3. Auflage Hrsg. Heilmeyer/Kühn
Teil 1: 1971. DM 64,—
Teil 2: 1971. DM 64,—

Jawetz/Melnick/Adelberg: Medizinische Mikrobiologie
3. Auflage. 1973. DM 48,— Kurzlehrbuch

Kaudewitz: Molekular- und Mikroben-Genetik 1973 (HT 115) DM 19,80

Kind: Leitfaden für die psychiatrische Untersuchung 1973 (HT 130) DM 19,80

Kinderheilkunde. Hrsg. von Harnack. 3. Auflage. 1974 DM 36,— Kurzlehrbuch

Knörr/Beller/Lauritzen: Lehrbuch der Gynäkologie 1972. DM 38,— Kurzlehrbuch

Leger/Nagel: Chirurgische Diagnostik. Krankheitslehre und Untersuchungstechnik 1974. DM 48,—

Leydhecker: Grundriß der Augenheilkunde
18. Auflage. 1974. DM 42,— Kurzlehrbuch

Nasemann/Sauerbrey: Lehrbuch der Hautkrankheiten und venerischen Infektionen. 1974. DM 48,—

Piekarski: Medizinische Parasitologie. 2. Auflage 1973. DM 48,—

Piper: Innere Medizin 1974 (HT 122) DM 19,80 Basistext

Poeck: Neurologie
3. Auflage. 1974. DM 48,— Kurzlehrbuch

Rick: Klinische Chemie und Mikroskopie
3. Auflage. 1974. DM 24,80

Schulte/Tölle: Psychiatrie
2. Auflage. 1973. DM 28,— Kurzlehrbuch

Unfallchirurgie. Von Burri et al. 1974 (HT 145) DM 16,80 Basistext

Weitbrecht: Psychiatrie im Grundriß. 3. Auflage. 1973 DM 56,—

Examens-Fragen (zusammen mit J. F. Lehmanns Verlag, München)
Examens-Fragen Allgemeine Pathologie 1971. DM 8,—
Examens-Fragen Anaesthesiologie – Reanimation – Intensivbehandlung 1974. DM 12,—
Examens-Fragen Arbeitsmedizin 1973. DM 14,—
Examens-Fragen Dermatologie. 3. Auflage 1972. DM 12,—
Examens-Fragen Innere Medizin. 3. Auflage 1973. DM 14,—
Examens-Fragen Kinderheilkunde 1973. DM 12,—
Examens-Fragen Neurologie. 1973. DM 12,—

HT = Heidelberger Taschenbücher

Bitte fordern Sie unsere Lehrbuchverzeichnisse Medizin – Vorklinik und Klinik – an!

Springer-Verlag Berlin Heidelberg New York

Biomathematik für Mediziner

Begleittext zum Gegenstandskatalog. Herausgegeben vom Kollegium Biomathematik N.W., Münster.

55 Abildungen, 52 Tabellen. XXIV, 258 Seiten. 1975 (Heidelberger Taschenbücher, Band 164. Basistext Medizin). DM 16,80; US $6.90
ISBN 3-540-07090-7

Inhaltsübersicht: Deskriptive Statistik. – Wahrscheinlichkeitsrechnung. – Zufallsvariable, Verteilungen. – Spezielle Verteilungen. – Versuchsplanung. – Schätz- und Testverfahren. – Spezielle Tests. – Medizinische Informatik. – Tabellen I – XII.

Die neue Approbationsordnung für Ärzte fordert Vorlesung und Prüfung über Biomathematik. Die Kenntnis dieses Faches ist nicht nur für eigene Arbeiten erforderlich, sondern auch zur kritischen Würdigung vieler Fach-Publikationen. Dieser Begleittext zum Gegenstandskatalog, zusammengestellt von einer Gruppe erfahrener Hochschul-Lehrer, dient als Unterlage für Unterricht und Selbststudium.

L. Sachs
Statistische Methoden

Ein Soforthelfer für Praktiker in Naturwissenschaft, Medizin, Technik, Wirtschaft, Psychologie und Soziologie.

2. neubearbeitete Auflage. 5 Abbildungen, 25 Tabellen, 1 Klapptafel
XIII, 105 Seiten. 1972. DM 9,80; US $4.10
ISBN 3-540-05973-3

Inhaltsübersicht: Grundlagen und Ziele statistischer Methoden. – Mittelwerte und Variabilität, unklassifizierte Beobachtungen. – Häufigkeitsverteilung und Summenhäufigkeitsverteilung. – Normalverteilung. – Vertrauensbereich. – Statistische Tests. – Wieviel Beobachtungen werden benötigt? – Korrelation und Regression. – Anhang: Schnellverfahren für den Vergleich mehrerer Mittelwerte.

Das handliche Büchlein enthält die wichtigsten einfachen Methoden der Statistik mit Beispielen und Hilfstabellen, so wie sie Anfänger und Praktiker benötigen. Mit ihm kann sich jeder über die wichtigsten Verfahren orientieren, ohne daß theoretische Vorkenntnisse irgendwelcher Art vorausgesetzt werden.

Preisänderungen vorbehalten.

Springer-Verlag
Berlin   Heidelberg   New York

If you have any concerns about our products,
you can contact us on
ProductSafety@springernature.com

In case Publisher is established outside the EU,
the EU authorized representative is:
**Springer Nature Customer Service Center GmbH
Europaplatz 3, 69115 Heidelberg, Germany**

Printed by Libri Plureos GmbH
in Hamburg, Germany